ENSAIOS EXPERIMENTAIS PARA DEFINIÇÃO DO MODELO DE CAP – COLAPSO DE POROS

Editora Appris Ltda.
1ª Edição - Copyright© 2022 dos autores
Direitos de Edição Reservados à Editora Appris Ltda.

Nenhuma parte desta obra poderá ser utilizada indevidamente, sem estar de acordo com a Lei nº 9.610/98. Se incorreções forem encontradas, serão de exclusiva responsabilidade de seus organizadores. Foi realizado o Depósito Legal na Fundação Biblioteca Nacional, de acordo com as Leis nos 10.994, de 14/12/2004, e 12.192, de 14/01/2010.

Catalogação na Fonte
Elaborado por: Josefina A. S. Guedes
Bibliotecária CRB 9/870

S676e 2023	Soares, Antonio Claudio
	    Ensaios experimentais para definição do modelo de CAP – Colapso de Poros / Antonio Claudio Soares. – 1. ed. – Curitiba : Appris, 2023.
	    215 p. ; 23 cm.
	
	    Título da coleção geral.
	    Inclui referências.
	    ISBN 978-65-250-5290-8
	
	    1. Mecânica de rochas. 2. Rochas. 3. Rochas – Testes.
	4. Colapso de poros. I. Título.
	
	                                             CDD – 624.15136

Livro de acordo com a normalização técnica da ABNT

Appris editora

Editora e Livraria Appris Ltda.
Av. Manoel Ribas, 2265 – Mercês
Curitiba/PR – CEP: 80810-002
Tel. (41) 3156 - 4731
www.editoraappris.com.br

Printed in Brazil
Impresso no Brasil

Antonio Claudio Soares

ENSAIOS EXPERIMENTAIS PARA DEFINIÇÃO DO MODELO DE CAP – COLAPSO DE POROS

FICHA TÉCNICA

EDITORIAL	Augusto Coelho
	Sara C. de Andrade Coelho
COMITÊ EDITORIAL	Marli Caetano
	Andréa Barbosa Gouveia (UFPR)
	Jacques de Lima Ferreira (UP)
	Marilda Aparecida Behrens (PUCPR)
	Ana El Achkar (UNIVERSO/RJ)
	Conrado Moreira Mendes (PUC-MG)
	Eliete Correia dos Santos (UEPB)
	Fabiano Santos (UERJ/IESP)
	Francinete Fernandes de Sousa (UEPB)
	Francisco Carlos Duarte (PUCPR)
	Francisco de Assis (Fiam-Faam, SP, Brasil)
	Juliana Reichert Assunção Tonelli (UEL)
	Maria Aparecida Barbosa (USP)
	Maria Helena Zamora (PUC-Rio)
	Maria Margarida de Andrade (Umack)
	Roque Ismael da Costa Güllich (UFFS)
	Toni Reis (UFPR)
	Valdomiro de Oliveira (UFPR)
	Valério Brusamolin (IFPR)
SUPERVISOR DA PRODUÇÃO	Renata Cristina Lopes Miccelli
ASSESSORIA EDITORIAL	Jibril Keddeh
REVISÃO	Simone Ceré
PRODUÇÃO EDITORIAL	William Rodrigues
DIAGRAMAÇÃO	Luciano Popadiuk
CAPA	João Vitor

Aos meus pais, Joaquim e Arminda (in memoriam); à minha esposa, Katia; e aos meus filhos, Livia, Alexandre e Eduardo, com amor e carinho.

AGRADECIMENTOS

A Deus acima de tudo.

Aos meus pais, pelo incentivo e prioridade aos estudos durante a minha educação.

À minha esposa, Katia, pelo apoio, incentivo e companheirismo, e aos meus filhos, Livia, Alexandre e Eduardo, pelo carinho, amizade e por mostrarem que a vida é uma contínua renovação.

Ao Prof. Vargas, pela valiosa orientação, apoio e incentivo durante todas as suas etapas.

Aos meus amigos do Laboratório de Mecânica de Rochas do Centro de Pesquisa da Petrobrás, Marcos A. R. Dantas, Sérgio Murilo S. Freitas e Júlio César Beltrami, pela dedicação na realização dos ensaios.

Aos meus colegas de turma de mestrado, que agora se tornaram meus amigos, Zé Renato, Edgar, Spotti, Raquel Rigon, Fernanda, Moema, Wladimir e Leandro, pelos momentos que passamos juntos em sala de aula, nos trabalhos e visitas ao campo, e em especial à Adriana, que nunca me visitou no laboratório de mecânica de rochas, apesar das promessas, e à Raquel Velloso, que sempre nos encontrávamos pela manhã cedo, antes das aulas do professor Dirceu, e batíamos aquele papo.

Aos professores da área de Geotecnia do Programa de Engenharia Civil da COPPE, em especial ao Professor Ian Schumann Marques Martins, pelos ensinamentos e conhecimentos que muito ajudaram na realização deste trabalho.

Ao Zé Eduardo, que esteve comigo em momentos inesquecíveis.

À Petrobrás, por ter dado a oportunidade de me realizar como profissional.

La experimentación hace que surjan nuevas ideas a la superficie.

(Jose Orr)

APRESENTAÇÃO

Este trabalho apresenta o desenvolvimento de uma metodologia para a avaliação da região de fechamento da envoltória de ruptura e de colapso de poros em formações carbonáticas. Inicialmente, são apresentadas as experiências anteriores sobre o assunto e mostrada a necessidade de uma nova metodologia que possa abranger uma avaliação mais ampla e abrir novas perspectivas de estudo de fluxo em meios porosos. O colapso de poros ocorre devido ao aumento da tensão efetiva na rocha-reservatório em função da produção de óleo. Se ela não suportar esse aumento da tensão efetiva, ocorrem grandes deformações com desestruturação do arcabouço da rocha. Uma provável consequência desse fenômeno é a diminuição da permeabilidade, reduzindo o fluxo de óleo para o poço e a recuperação final do campo. Como a maior queda de pressão se dá nas imediações da parede do poço, esse é o local de maior probabilidade de ocorrência de colapso de poros, provocando um dano permanente e irreversível. Nos estudos baseados nos modelos anteriores, não havia como se fazer uma análise nessa região, sendo desenvolvida uma metodologia baseada nas curvas de fechamento de envoltória de ruptura, que permitiu, então, esse tipo de avaliação e ainda ampliou o conceito de trajetórias de tensões para verificação da variação da permeabilidade ao longo da vida produtiva do reservatório e a importância de se utilizar uma trajetória adequada que melhor se aproxime das condições de campo.

SUMÁRIO

1
INTRODUÇÃO 17

2
AVALIAÇÃO DE COLAPSO DE POROS POR MEIO DO ENSAIO DE DEFORMAÇÃO UNIAXIAL 27
2.1 Ensaios para o Campo B 29
2.1.1 Características das Amostras Ensaiadas 29
2.1.2 Ensaios de Deformação Uniaxial 30
2.1.3 Análise dos Resultados dos Ensaios para o Campo B 40
2.2 Ensaios para os Campos da Bacia de Santos 46
2.2.1 Características das Amostras Ensaiadas 46
2.2.2 Ensaios de Deformação Uniaxial 48
2.2.3 Análise dos Resultados dos Ensaios para os Campos da Bacia de Santos 64
2.3 Os Resultados em Função do Estado de Tensão dos Campos 71

3
DEFINIÇÃO DE COLAPSO DE POROS PELO FECHAMENTO DA ENVOLTÓRIA 73
3.1 Introdução ao Campo de Estudo 75
3.1.1 Modelo Geológico 75
3.1.2 Geofísica do Reservatório 75
3.1.3 Estudo Geoestatístico 76
3.2 Etapa Inicial de Estudos 76
3.2.1 Amostras Obtidas 76
3.2.2 Ensaios Realizados 77
3.2.2.1 Ensaios para a Curva de Fechamento 77
3.2.2.1.1 Ensaios de deformação uniaxial 78
3.2.2.1.2 Ensaios hidrostáticos e ensaios com trajetórias de tensões predefinidas 81
3.2.3 Ensaios para a Envoltória de Ruptura 86
3.3 Resultados 91

4

APLICAÇÃO DAS CURVAS DE FECHAMENTO PARA DEFINIÇÃO DE COLAPSO DE POROS..........93

4.1 Definindo um Novo Espaço..........93
4.1.1 Invariantes do Estado de Tensão..........93
4.1.2 Tensão Octaédrica..........95
4.1.3 Definindo Novos Parâmetros p e q..........96
4.1.4 Invariantes de Deformação..........98
4.2 Definindo Deformações Elásticas e Plásticas..........100
4.2.1 Procedimento de Ensaio..........100
4.2.2 Ensaios Realizados..........101
4.3 Definindo a Tensão de Colapso de Poros..........107
4.4 Curvas de Fechamento para o Campo C..........108
4.4.1 Ensaios Realizados..........109
4.4.1.1 Pontos para a Curva de Fechamento para a Porosidade de 31%..........109
4.4.1.1.1 Ensaio com a Amostra A9011V..........110
4.4.1.1.2 Ensaio com a Amostra A9020V..........115
4.4.1.1.3 Ensaio com a Amostra A9102V..........120
4.4.1.1.4 Ensaio com a Amostra A9120V..........123
4.4.1.1.5 Ensaio com a Amostra A9129V..........126
4.4.1.1.6 Ensaio com a Amostra A9162V..........129
4.4.1.1.7 Ensaio com a Amostra A9177V..........132
4.4.1.1.8 Curva de Fechamento..........136
4.4.1.2 Pontos para Curva de Fechamento para Porosidade de 27%..........141
4.4.1.2.1 Ensaio com a Amostra A9285V..........141
4.4.1.2.2 Ensaio com a Amostra A9144V..........144
4.4.1.2.3 Ensaio com a Amostra A9147V..........147
4.4.1.2.4 Ensaio com a Amostra A9159V..........151
4.4.1.2.5 Curva de Fechamento..........154
4.4.1.3 Pontos para a Curva de Fechamento para Porosidade de 24%..........158
4.4.1.3.1 Ensaio com a Amostra A9321V – Hidrostático..........158
4.4.1.3.2 Ensaio com a Amostra A9321 – Não Hidrostática..........162
4.4.1.3.3 Ensaio com a Amostra A9138V..........165
4.4.1.3.4 Ensaio com a Amostra A9135V..........169
4.4.1.3.5 Curva de Fechamento..........172
4.4.1.4 Pontos para a Curva de Fechamento para Porosidade de 20%..........177
4.4.1.4.1 Ensaios com a Amostra 02..........178
4.4.1.4.2 Ensaios com a Amostra 05..........180

4.4.1.4.3 Ensaios com a Amostra 07 183

4.4.1.4.4 Ensaio com a Amostra 08 – k = 0,6 185

4.4.1.4.5 Ensaio com a Amostra 08 – k = 0,4 188

4.4.1.4.6 Ensaios Triaxiais 190

4.4.1.4.7 Curva de Fechamento 192

4.5 Aplicação da Metodologia Proposta ao Campo C da Bacia de Campos 195

4.5.1 Tensões e Trajetórias para o Reservatório 195

4.5.2 Trajetória de Tensões..195

4.5.3 Verificação das Possibilidades de Colapso de Poros 198

4.5.3.1 No Reservatório 198

4.5.3.2 Na Parede do Poço..199

5
CONCLUSÕES..203

5.1 Contribuições deste Trabalho 203

5.2 Considerações Gerais 204

5.3 Trabalhos que Deram Sequência e/ou Baseados nesta Pesquisa................205

REFERÊNCIAS..209

INTRODUÇÃO

Neste trabalho realizaram-se estudos experimentais sobre avaliação de colapso de poros, em reservatórios de petróleo em formações calcárias, obtidos por meio de ensaios em amostras de rochas-reservatório.

Tem-se verificado, em estudos de colapso de poros, que campos formados por reservatórios de calcários estão sujeitos a grandes deformações, devido ao aumento da tensão efetiva na rocha-reservatório provocado pela produção de óleo. À medida que se produz um poço, a pressão estática do reservatório diminui, aumentando, com isso, a tensão efetiva atuante no arcabouço da rocha. Caso o arcabouço sólido não consiga absorver esse aumento de tensão efetiva, ocorre o colapso de poros, havendo um rearranjo dos grãos e compactação do meio poroso até que um novo equilíbrio seja alcançado. Uma provável consequência desse fenômeno é a diminuição da permeabilidade, reduzindo o fluxo de óleo para o poço e a recuperação final do campo. Como a maior queda de pressão se dá nas imediações da parede do poço, este é o local de maior probabilidade de ocorrência de colapso de poros, provocando um dano permanente.

Os problemas de colapso de poros ocorridos nos diversos campos de petróleo têm sido descobertos somente após o início do processo, o que acarreta custos adicionais não previstos para a explotação do óleo. Os estudos de reservatórios feitos por meio de simulações em computador ainda não levam em consideração os efeitos das tensões efetivas atuantes no reservatório, bem como o efeito de compactação provocado pela alteração do estado de tensões, à medida que se vai produzindo o óleo, pela consequente redução da pressão estática.

Os primeiros critérios apresentados na literatura para definição de colapso de poros foram utilizados para os campos da Bacia de Santos. Os reservatórios dessa bacia são formados por calcários de boa porosidade, numa faixa de 20%, apresentando alta permeabilidade (500 a 2.000 md). Ao serem realizados ensaios de compressão uniaxial, com o objetivo de dimensionamento de fraturamento hidráulico, foram obtidos valores de baixa resistência à compressão simples, segundo o critério adotado por

Deere & Miller (1965). Observou-se, também, decréscimo acentuado de permeabilidade em ensaios com pressão confinante para definição de permeabilidade com nitrogênio. Esses resultados levaram à consideração da hipótese de colapso de poros e a abertura de um projeto específico sobre o assunto.

A primeira metodologia a ser utilizada foi o critério bilinear de Mohr--Coulomb, cujo modelo utiliza um material com comportamento normal em baixas tensões, apresentando, contudo, um ângulo de atrito negativo para as tensões mais altas, descrevendo um material que pode entrar em colapso mesmo quando submetido a uma pressão hidrostática, segundo Fjær (1992). A Figura 1.1 mostra um exemplo onde tan (f) < 0 foi tomado como critério para as tensões altas. Esse critério modela um material com comportamento normal em baixas tensões (a resistência aumenta com a pressão de confinamento), se tornando mais fraco em altas tensões e, eventualmente, entrando em colapso sob tensão hidrostática.

Figura 1.1 – Critério bilinear de Mohr-Coulomb

Fonte: Fjær (1992)

Esse critério foi utilizado em estudos para campos do Mar do Norte e do Golfo do México, sendo apresentado na literatura por Blanton (1981) (Figura 1.2), o qual utiliza ensaios hidrostáticos e triaxiais convencionais de fácil execução. Entretanto, não se consegue definir claramente as tensões de colapso, sendo estas obtidas pelo ensaio hidrostático, que, por sua vez, não corresponde ao estado de tensões do reservatório, que raramente é hidrostático. Goodman (1989) também associa o colapso da estrutura do poro, quando se atinge uma tensão acima da fase linear elástica, no ensaio hidrostático, à concentração de tensão em torno do poro. Ao se aplicar uma tensão não desviadora (hidrostática) em uma rocha, produz-se um decréscimo de volume e eventualmente mudanças permanentes na estrutura da rocha, na medida em que os poros são esmagados. A curva pressão confinante *vs.* deformação volumétrica é geralmente côncava e crescente, conforme mostra Figura 1.3, com quatro regiões distintas. Na primeira as fissuras preexistentes são fechadas e os minerais são levemente comprimidos. Quando a carga é removida, a maior parte das fissuras permanecem fechadas, havendo uma deformação residual. Após o fechamento das fissuras, o aumento da pressão hidrostática produz a compressão do esqueleto da rocha, consistindo na deformação dos poros e da compressão dos grãos, com um comportamento linear. Em rochas porosas, como os arenitos, calcarenitos e calcários clásticos, os poros começam a entrar em colapso com tensões mais baixas, devido à concentração de tensão em volta dos grãos, tornando a compressibilidade progressivamente mais alta. Rochas não porosas não demonstraram colapso de poros, entretanto apresentaram uma curva pressão hidrostática *vs.* deformação volumétrica côncava e continuamente crescente. O colapso é destrutivo para rochas muito porosas, como alguns tipos de rochas calcárias.

Figura 1.2 – Envoltórias obtidas para os campos de Danian e Austin

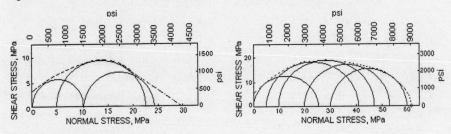

Fonte: Blanton (1981)

Figura 1.3 – As fases de um ensaio hidrostático segundo Goodman (1989)

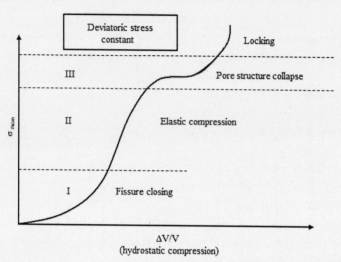

Fonte: Goodman (1989)

Inicialmente para o estudo dos campos da Bacia de Santos, a identificação da possibilidade de ocorrência de colapso de poros foi realizada por meio de três ensaios hidrostáticos. As Figuras 1.4, 1.5 e 1.6 mostram as curvas de tensões hidrostáticas *vs.* deformação volumétrica obtida para o ensaio de cada Corpo-de-Prova (CP). No ensaio do CP 1, a curva não apresentou nenhuma deflexão, apresentando uma configuração côncava e sempre crescente, não apresentando, portanto, configuração de colapso de poros. Os CP 2 e 3, no entanto, apresentaram uma deflexão a uma tensão hidrostática de aproximadamente 50 MPa, indicando a ocorrência de colapso de poros, conforme descrito anteriormente.

Figura 1.4 – Ensaio hidrostático com o CP 1

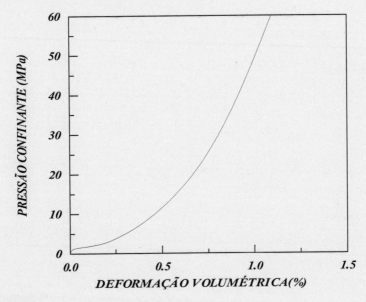

Fonte: o autor

Figura 1.5 – Ensaio hidrostático com o CP 2

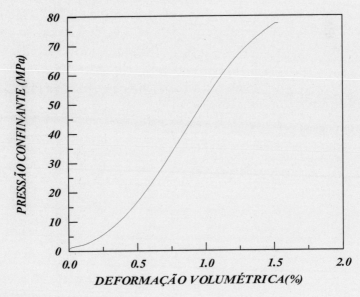

Fonte: o autor

Figura 1.6 – Ensaio hidrostático com o CP 3

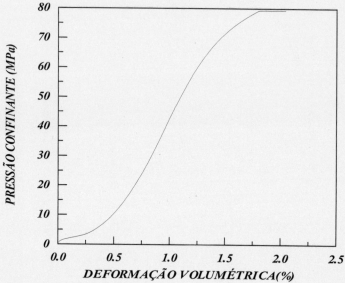

Fonte: o autor

Evidenciado o colapso de poros nos ensaios hidrostáticos, foram realizados ensaios triaxiais para verificar se a envoltória de Mohr-Coulomb apresentaria uma declividade negativa para valores altos de tensão normal, conforme Fjær (1992) e os resultados apresentados por Blanton (1981). A Tabela 1.1 mostra os resultados obtidos para os ensaios triaxiais. A Figura 1.7 apresenta as curvas tensão vs. deformação dos ensaios e a Figura 1.8, a envoltória de Mohr-Coulomb assim obtida.

Tabela 1.1 – Resultados obtidos nos ensaios triaxiais

CP	Tensão desviadora (MPa)	s_3 (MPa)	s_1 (MPa)
12	34,1	0	34,1
05	44,8	5	49,8
11	71,8	10	81,8
04	68,9	20	88,9
09	65,0	50	115,0

Fonte: o autor

ENSAIOS EXPERIMENTAIS PARA DEFINIÇÃO DO MODELO DE CAP – COLAPSO DE POROS

Figura 1.7 – Curvas tensão desviadora *vs.* deformação axial dos ensaios triaxiais

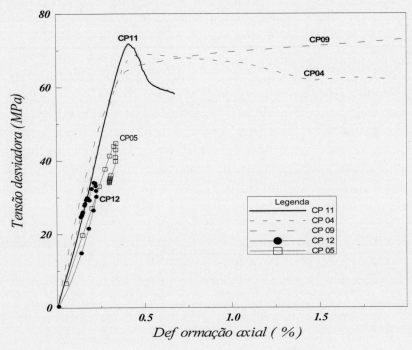

Fonte: o autor

Figura 1.8 – Envoltória de ruptura e círculos de Mohr obtidos

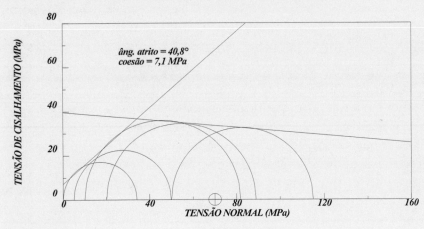

Fonte: o autor

Conforme pode ser visto pela Figura 1.8, a envoltória de ruptura tende a ter um ângulo de atrito negativo para as tensões normais mais altas, confirmando a possibilidade de ocorrência de colapso de poros nos campos da Bacia de Santos, baseado nos resultados encontrados para os campos de Austin e Danian. Entretanto, conforme sugerido por Fjær (1992), o fechamento da envoltória, que deveria coincidir com o resultado do ensaio hidrostático no eixo das tensões normais, não ocorreu. Os resultados obtidos por esses autores levam a crer que, para que esse fechamento ocorresse, a maior pressão confinante dos ensaios triaxiais deveria ficar em torno da metade do valor da tensão de colapso obtido no ensaio hidrostático. Observa-se que, nos ensaios para os campos de Danian e Austin, as tensões de colapso de poros ficaram em torno de 30 e 62 MPa, respectivamente. A maior pressão confinante de ensaio, para o campo de Danian, foi de 10 MPa e, para o campo de Austin, de 30 MPa, conforme pode ser visto na Figura 1.2. No entanto, como foi evidenciado na Figura 1.8, à medida que se realizam ensaios com pressões confinantes mais altas e valores mais próximos da tensão de colapso obtidos nos ensaios hidrostáticos, o decaimento da envoltória de ruptura não coincide com o ponto de tensão hidrostática de colapso de poros. A tendência de se obter um ângulo de atrito negativo para as tensões normais mais altas se deve ao fato de a estrutura estar próxima do colapso, tendendo a romper com uma tensão desviadora menor, invertendo a curvatura da envoltória de ruptura.

Conclui-se, desse modo, que a concepção apresentada por Fjær (1992) não é adequada para estabelecer com precisão a tensão de colapso de poros.

Esses primeiros ensaios, com a utilização dessa metodologia, no entanto, foram muito importantes para a continuação dos estudos de colapso de poros em formações de calcários, permitindo o estudo de novas metodologias, conforme será visto nos próximos capítulos.

Em 1988, Smits fazia críticas aos modelos baseados somente no carregamento hidrostático, por este não representar as condições de campo. Verifica-se que, devido à grande extensão lateral do campo, as deformações ocorrem no sentido vertical, conforme era sugerido por Geertsma (1966). Consolidou-se então que os experimentos de laboratório, para prever colapso de poros no reservatório (longe da parede do poço), deviam simular as condições de campo o mais próximo possível, utilizando condições de deformação uniaxial em amostras verticais. Este tipo de ensaio é conhecido como oedométrico ou de deformação uniaxial, sendo utilizado em estudo de recalque e adensamento em solos, conforme Lambe (1979) e Atkinson (1978), bem como em estudos de colapso de poros, apresentados por Johnson (1989). Essa metodologia define uma linha de tendência para as tensões de colapso de poros para diversas porosidades, indicando assim que essas tensões dependem da porosidade do meio.

Essa metodologia foi adotada para os estudos de colapso de poros para os campos da Bacia de Santos e Campos, sendo utilizada, então, como padrão para estudos de colapso de poros, adquirindo-se assim uma grande experiência nesse tipo de ensaio para definição de colapso de poros.

O ensaio de deformação uniaxial representa, no entanto, apenas um caminho de tensão que pode ser seguido no reservatório. Se o caminho de tensões for diferente daquele obtido pelo ensaio, a metodologia já não mais se aplica ou pelo menos se distancia da realidade. Por outro lado, as tensões próximas à parede do poço ficam bastante alteradas devido à sua perfuração, sendo impossível, por esses ensaios, a verificação das tensões de colapso de poros na parede do poço ou na sua vizinhança. Por isso os trabalhos que utilizavam o ensaio de deformação uniaxial ressaltavam que o estudo era válido somente longe da parede do poço.

As pesquisas, hoje em dia, voltam-se para a caracterização do material, por meio de um modelo de fechamento de envoltória, mais conhecido como *cap model*. Em 1957, Drucker, Gibson e Henkel introduziram a ideia de uma superfície de escoamento fechando a parte aberta da superfície-limite de escoamento dos modelos tradicionais (Mohr-Coulomb, por exemplo), sendo denominada *work-hardenig cap*. Esta é uma superfície móvel, que se expande à medida que se processa o encruamento plástico do material. Vários modelos para solos surgiram a partir dessa ideia.

Para estudos de colapso de poros, na área de Engenharia de Petróleo, alguns trabalhos experimentais já foram apresentados nesse sentido por Scott Jr. e Yale, ambos em 1998. Desse modo, pode ser verificado se os caminhos de tensões seguidos pelo reservatório irão levar ao colapso da estrutura ao se atingir a curva ou superfície de fechamento, dependendo se o modelo estiver sendo visto num plano ou no espaço.

O objetivo deste trabalho é mostrar, inicialmente, a experiência adquirida em ensaios para a definição de colapso de poros e, posteriormente, introduzir uma nova metodologia para definição de colapso de poros por meio da realização de ensaios, em vários caminhos de tensões para determinadas porosidades, para identificar, no campo das tensões, a superfície de escoamento (curvas de fechamento de envoltória de ruptura – modelo de "cap") correspondente ao colapso de poros. Espera-se, assim, estabelecer as bases para, numa etapa posterior, propor um modelo elastoplástico para representar o comportamento das rochas ensaiadas.

A grande vantagem desse modelo é a possibilidade de se poder utilizar diversos caminhos de tensões, inclusive aqueles próximos da parede do poço.

O trabalho foi organizado de modo que apresenta os ensaios numa sequência de desenvolvimento. O Capítulo 2 apresenta resultados obtidos por meio de ensaios de deformação uniaxial ou oedométrico, apresentando os ensaios e as curvas de tendência obtidas para campos da Bacia de Santos e Campos.

No Capítulo 3 é apresentado um estudo inicial sobre uma nova metodologia para definição de colapso de poros mediante a obtenção de pontos da curva de fechamento (*cap*) por meio de ensaios de laboratório. Para este estudo foram utilizadas amostras de um campo da Bacia de Campos, de uma zona muito fechada do reservatório.

Uma vez verificada a viabilidade de se obterem curvas de fechamento (*cap*), foram definidos, no Capítulo 4, novos parâmetros, mais adequados a serem utilizados nessa nova metodologia, e obtidas curvas de fechamento para diferentes porosidades, mostrando-se um caso real.

Finalmente, no Capítulo 5, são feitas as conclusões do trabalho.

2

AVALIAÇÃO DE COLAPSO DE POROS POR MEIO DO ENSAIO DE DEFORMAÇÃO UNIAXIAL

Smits (1988) criticou o modelo proposto no capítulo anterior, devido ao carregamento hidrostático não representar as condições de campo e a definição da tensão de colapso de poros, por esse motivo, não ser adequada. Verifica-se que, devido à grande extensão lateral do campo, as deformações ocorrem no sentido vertical, conforme proposto por Geertsma (1966).

Consolidou-se, então, a opinião que os experimentos de laboratório, para prever colapso de poros no reservatório (longe da parede do poço), deviam simular as condições de campo o mais próximo possível, utilizando condições de deformação uniaxial em amostras verticais. Esses ensaios definem uma linha de tendência (*trendline*) para as tensões de colapso de poros para diversas porosidades, indicando assim que a tensão de colapso depende da porosidade do meio. A Figura 2.1 mostra o esquema do ensaio.

Figura 2.1– Esquema do ensaio oedométrico ou de deformação uniaxial

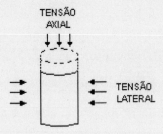

Fonte: o autor

O presente capítulo descreve os ensaios oedométricos ou de deformação uniaxial realizados em amostras provenientes dos campos das bacias de Campos e Santos. Esses ensaios foram realizados no sentido de verificar a adequação do ensaio de deformação uniaxial para previsão das tensões de colapso de poros conforme proposto por Smits (1988).

O campo da Bacia de Campos, doravante denominado de campo B, é formado por um calcarenito com um comportamento muito dúctil, com histórico de queda de vazão nos poços e de taxa de recuperação de óleo abaixo do previsto. Portanto, com uma probabilidade muito grande de ter ocorrido o fenômeno de colapso de poros nesse campo. Os campos da Bacia de Santos são formados por um calcário de granulometria média a grossa, composto por oolitos e oncolitos, com cimento calcífero e boa porosidade intergranular.

Para a realização dos ensaios, foram incluídas medições de velocidades de ondas P, com o objetivo de monitorar possível rearranjo da estrutura da amostra pela variação da velocidade ao longo do ensaio, e medição de permeabilidade das amostras, para verificar o seu comportamento com a compactação. Teria sido relevante a medida da permeabilidade perpendicular ao eixo da amostra, simulando a permeabilidade horizontal do reservatório, mas isso não foi possível devido à configuração da célula de confinamento. Para a circulação na amostra utilizou-se óleo hidráulico Unipar, que é inerte, para evitar qualquer tipo de reação rocha/fluído. A esse respeito, Smits (1988) fez um estudo sobre limpeza das amostras e a utilização de fluído intraporo e chegou à conclusão de que a não limpeza da amostra não afeta os resultados dos ensaios, desde que o fluído utilizado para saturar a amostra não reaja quimicamente com a mesma.

Para a realização de ensaios triaxiais convencionais, em 1988, a Sociedade Internacional de Mecânica de Rochas – ISRM sugeriu que a altura do CP devia ser o dobro do diâmetro, devido ao efeito de atrito dos *caps* com o topo e a base da amostra. Nos ensaios de deformação uniaxial, a pressão lateral é utilizada para evitar a deformação radial. Como o deslocamento lateral é impedido, não existe a ação das forças de atrito de topo e de base, podendo-se, com isso, utilizar CP com alturas menores do que o dobro do diâmetro. Esse fato tornou-se fundamental para a realização dos ensaios de deformação uniaxial, devido à pouca disponibilidade de amostras com dimensões adequadas para a confecção de amostras, conforme preconizado para os ensaios triaxiais.

Os ensaios foram realizados em um sistema de ensaios geomecânicos MTS 315.02, com capacidade de 270 tf de compressão axial e 12 000 psi de pressão confinante.

2.1 ENSAIOS PARA O CAMPO B

2.1.1 Características das Amostras Ensaiadas

O reservatório do campo B é constituído predominantemente por calcarenitos peloidais muito finos e calcissiltitos, com permeabilidade baixas, da ordem de 1 a 10 md, apesar de as porosidades serem geralmente maiores que 20%.

Em função das características geológicas, o reservatório foi dividido em quatro fácies distintas denominadas: A, B, C e D. As fácies A e B são as porções de melhor produtividade. As fácies C e D são zonas produtoras, porém com um maior teor de argila e com menor produtividade.

Para realização dos ensaios foram preparados 15 CP. A Tabela 2.1 apresenta as características das amostras obtidas. Infelizmente não foram obtidas amostras da eletrofácies B.

Tabela 2.1– Características das amostras para os ensaios do Campo B

CP	Poço	Profundidade (m)	Porosidade (%)	Eletrofácies
01	01	2 532,45	26	A
02	01	2 570,80	23	D
03	01	2 654,27	23	A
04	01	2 529,32	27	A
05	01	2 649,67	26	A
07	01	2 631,37	23	A
08	01	2 544,40	34	A
10	01	2 565,02	25	D
11	01	2 565,05	24	D
1	02	2 461,60	36	C
2a	02	2 476,00	28	C
2b	02	2 476,03	30	C
3	02	2 483,60	31	C
4	02	2 487,00	32	C
5	02	2 506,00	29	C

Fonte: o autor

O calcário do campo B tem um comportamento muito dúctil, apresentando, na caracterização petrográfica inicial, alta compressibilidade, bem como problemas de fechamento das fraturas induzidas na formação, verificados por operações de fraturamento hidráulico efetuadas para melhorar a produtividade do Campo.

2.1.2 Ensaios de Deformação Uniaxial

Os ensaios de deformação uniaxial apresentaram, numa análise inicial, uma grande dispersão de resultados. No entanto, à medida que esses resultados foram sendo agrupados de acordo com a porosidade inicial de cada CP, os dados obtidos formavam uma sequência lógica. A tensão de colapso parece estar relacionada com a porosidade inicial. Quanto maior for a porosidade, menor será a tensão que leva ao colapso de poros. Ao se agruparem os ensaios em um mesmo gráfico, pôde-se visualizar a formação de uma linha de tendência, que seria a curva onde ocorreria a tensão vertical efetiva de colapso de poros. Esse conceito foi apresentado por Smits (1988) com exemplos de alguns campos onde este tipo de estudo foi realizado.

As Figuras 2.2 a 2.16 apresentam as curvas deformação *vs.* tensão axial, deformação *vs.* permeabilidade e velocidade de onda *vs.* tensão axial obtidas para cada ensaio de deformação uniaxial.

O início dos ensaios é marcado por uma relação tensão *vs.* deformação não linear, uma grande diminuição de permeabilidade e um acentuado aumento da taxa de velocidade de ondas P devido ao fechamento de fissuras, provocadas pelo relaxamento do testemunho ao ser retirado de suas condições de tensões originais *in situ* (Figura 1.3). A seguir, a curva deformação *vs.* tensão axial mostra um comportamento linear e a taxa de crescimento da velocidade de ondas P tende a diminuir, a permeabilidade decresce com o aumento da deformação. Ao se aproximar da tensão de colapso de poros, a curva deformação *vs.* tensão axial volta a perder a linearidade com um incremento das deformações axiais, indicando o início da ocorrência de colapso do meio poroso, ou seja, do rearranjo da estrutura. A taxa de crescimento da velocidade de onda P diminui, tendendo a formar um pequeno patamar. Enquanto isso, a permeabilidade continua decrescendo. Finalmente, a curva deformação *vs.* tensão axial atinge, após o colapso, uma nova relação linear, evidenciando que a estrutura atingiu um novo equilíbrio. A taxa de velocidade de onda P volta a crescer e a permeabilidade, a essa altura, já está bastante reduzida.

Um fato muito interessante foi registrado no CP 10, Figura 2.9. Durante a fase linear, o ensaio foi interrompido, sendo a amostra descarregada. Pode-se observar que houve uma deformação residual e que a permeabilidade cresceu, mas não retornando ao valor inicial. Ao se carregar novamente o CP, a curva deformação *vs.* tensão axial retorna por uma trajetória diferente até o ponto onde foi interrompido o ensaio, seguindo então a configuração inicial da curva, como se não houvesse interrupção do ensaio.

Na Figura 2.17, construiu-se uma linha de tendência, a partir da utilização de todas as curvas deformação *vs.* tensão axial, dos ensaios de deformação uniaxial em um mesmo gráfico. Utilizou-se, na origem, a porosidade medida na petrografia por amostras próximas às que foram ensaiadas, já que não se dispunha dos valores dessas propriedades. O gráfico da Figura 2.17 mostra como determinar a tensão de colapso de poros para uma determinada porosidade. Smits (1988) propõe uma correção para a linha de tendência argumentando que existe uma diferença entre a velocidade de deformação do ensaio e a observada no reservatório. Essa correção leva a valores de tensões de colapso menores que as observadas nos ensaios. No entanto, neste trabalho não será levada em conta essa correção.

A Tabela 2.2 mostra valores de tensões de colapso de poros obtidas de cada ensaio.

A tensão axial original que estava atuando no reservatório antes do início da produção, conforme pode ser vista Figura 2.17, tinha um valor em torno de 29 MPa. Logo, as tensões abaixo desse valor, em cada ensaio, não têm correlação com o estado de tensão do reservatório.

Como a permeabilidade do reservatório do campo B é baixa e devido a sua grande queda no início dos ensaios, houve certa dificuldade de se verificar o comportamento da permeabilidade no intervalo de tensões correspondentes à vida produtiva do campo e o efeito da tensão de colapso na permeabilidade, devido ao efeito de escala dos gráficos. No entanto, para o estudo dos campos da Bacia de Santos esse efeito será minimizado devido à maior permeabilidade do material ensaiado. As permeabilidades medidas nos CP são verticais somente, pois o sistema geomecânico não permitia a medição da permeabilidade horizontal com aplicação de carga vertical.

Figura 2.2 – Ensaio de deformação uniaxial - CP 01. As setas indicam o sentido de leitura de cada curva para todos os gráficos

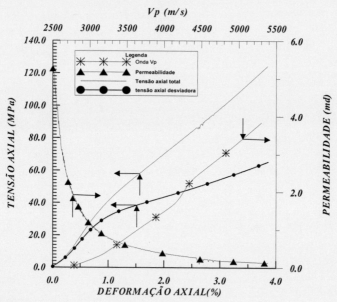

Fonte: o autor

Figura 2.3 – Ensaio de deformação uniaxial - CP 02

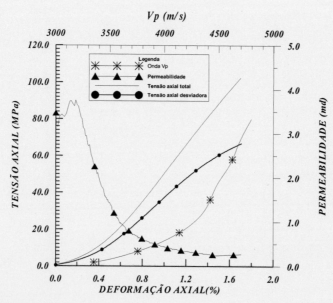

Fonte: o autor

Figura 2.4 – Ensaio de deformação uniaxial - CP 03

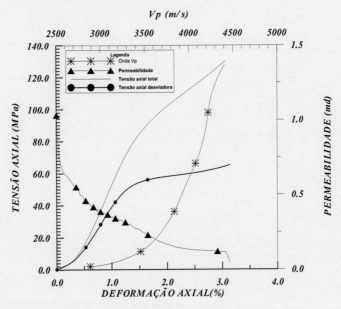

Fonte: o autor

Figura 2.5 – Ensaio de deformação uniaxial - CP 04

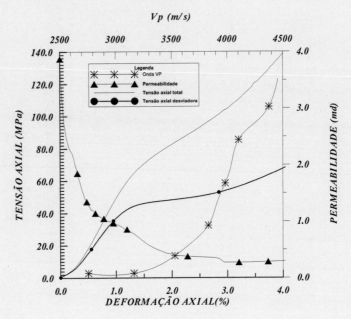

Fonte: o autor

Figura 2.6 – Ensaio de deformação uniaxial - CP 05

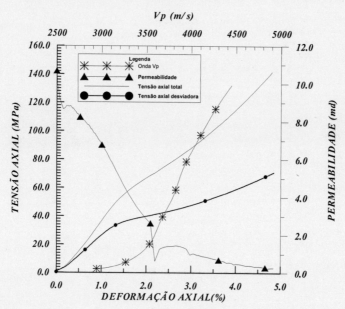

Fonte: o autor

Figura 2.7 – Ensaio de deformação uniaxial - CP 07

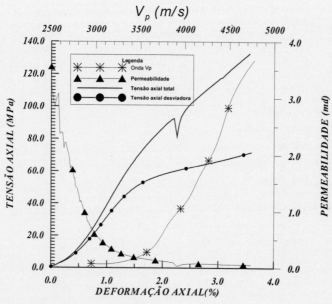

Fonte: o autor

Figura 2.8 – Ensaio de deformação uniaxial - CP 08

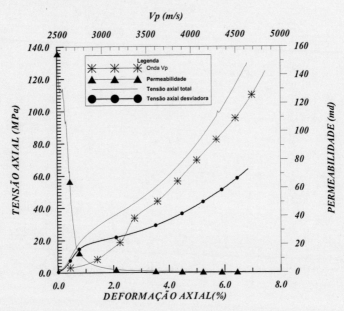

Fonte: o autor

Figura 2.9 – Ensaio de deformação uniaxial - CP 10

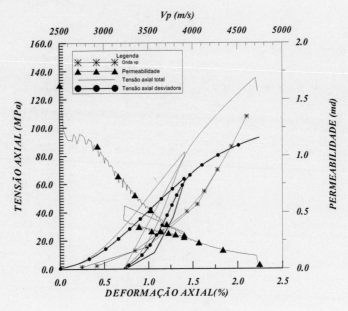

Fonte: o autor

Figura 2.10 – Ensaio de deformação uniaxial - CP 11

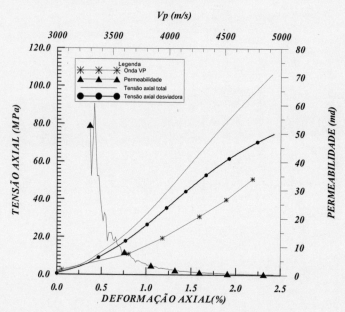

Fonte: o autor

Figura 2.11 – Ensaio de deformação uniaxial - CP 1

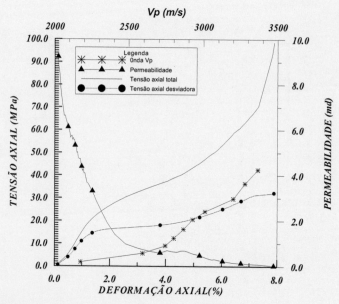

Fonte: o autor

Figura 2.12 – Ensaio de deformação uniaxial - CP 2a

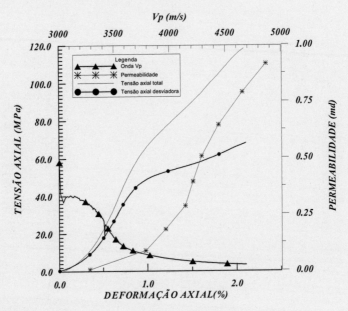

Fonte: o autor

Figura 2.13 – Ensaio de deformação uniaxial - CP 2b

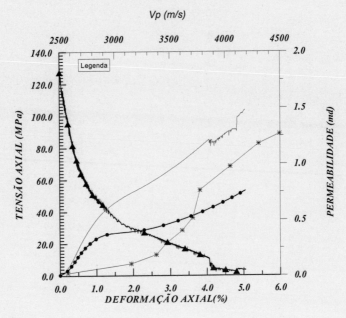

Fonte: o autor

Figura 2.14 – Ensaio de deformação uniaxial - CP 3

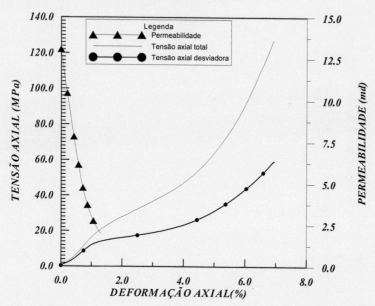

Fonte: o autor

Figura 2.15 – Ensaio de deformação uniaxial - CP 4

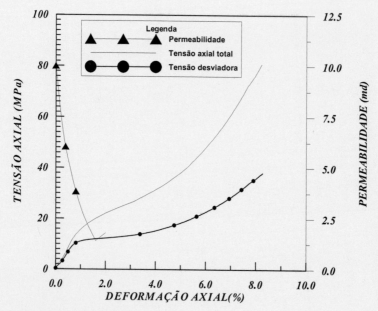

Fonte: o autor

Figura 2.16 – Ensaio de deformação uniaxial - CP 5

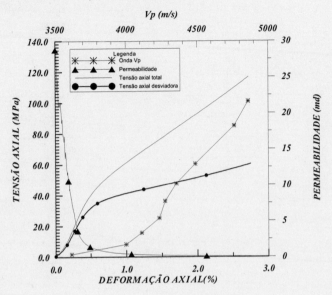

Fonte: o autor

Figura 2.17 – Linha de tendência obtida para o campo B

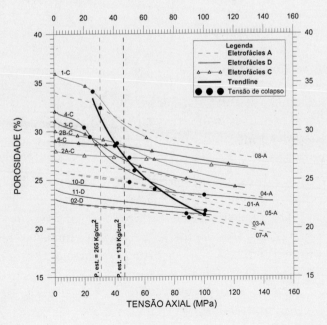

Fonte: o autor

Tabela 2. 2 – Tensões de colapso de poros para os ensaios de deformação uniaxial

CP	Porosidade (%)	Tensão de colapso de poros (MPa)
01	26	50
02	23	100
03	23	88
04	27	53
05	26	67
07	23	90
08	34	31
10	25	100
11	24	100
1	36	26
2a	28	50
2b	30	42
3	31	24
04	32	20
05	29	40

Fonte: o autor

2.1.3 Análise dos Resultados dos Ensaios para o Campo B

Para a obtenção da tensão de colapso de poros, utilizou-se a interseção entre as tangentes traçadas no trecho linear e no trecho de escoamento plástico. Esse procedimento será melhor mostrado mais adiante neste capítulo (Figura 2.46).

Os ensaios de deformação uniaxial mostraram que o valor da tensão de colapso de poros depende da porosidade, caracterizando, com isso, que o reservatório poderá sofrer colapso de poros com tensões diferenciadas, de acordo com a porosidade da formação. Quanto maior a porosidade, menor será a tensão efetiva necessária para que ocorra o colapso de poros. Nas imediações da parede do poço, ocorre a maior concentração de tensão efetiva, sendo, portanto, a região com maior probabilidade de ocorrência de colapso de poros. Entretanto, os resultados aqui apresentados retratam a situação fora da parede do poço.

Para a obtenção da linha de tendência, mostrada na Figura 2.17, o ideal seria que fosse obtida uma curva para cada fácies. Entretanto, devido ao restrito número de amostras e a distribuição de porosidade por fácies não ter sido boa, decidiu-se obter uma única curva média para o conjunto das amostras. Obteve-se, assim, uma melhor distribuição das amostras com relação a porosidade e, consequentemente, um melhor entendimento da influência da porosidade na tensão de colapso. A correlação da linha de tendência, em relação ao ajuste dos pontos da tensão de colapso, foi de 0,93.

A tensão efetiva vertical original do reservatório obtida foi de 30 MPa, considerando um gradiente de 1psi/pé (0,0226 MPa/m) para a pressão de sobrecarga e uma pressão estática original do reservatório de 27,0 MPa. Devido à produção de óleo, a pressão estática na época dos ensaios se encontrava no entorno de 12,0 MPa, obtendo-se assim uma tensão efetiva vertical de 45 MPa. Entrando com esta faixa de 30 a 45 MPa, na Figura 2.17, observa-se que somente até a porosidade de 27% poderia ter ocorrido o colapso, pois abaixo dessa porosidade não se atingiu a tensão de colapso. Se fosse utilizada a correção para a linha de tendência sugerida por Smits (1988), porosidades ainda menores teriam atingido a tensão de colapso de poros no reservatório.

Os ensaios para os CP 1, 3 e 4 da fácies C apresentaram tensão de colapso de poros abaixo da tensão vertical original efetiva (30 MPa). Para este tipo de ensaio, não era esperado essa ocorrência. Uma possível explicação, segundo Smits (1988), seria o fato de os CP não serem verticais, apresentando inclinações diferentes de 90° em relação à camada deposicional. Note-se que essas amostras apresentaram porosidades bastante altas, estando mais sujeitas ao colapso de poros a baixas tensões. No entanto, apesar de uma certa dispersão nos resultados, a linha de tendência obtida define bem as tensões que podem ter levado o reservatório ao colapso da estrutura da matriz.

Ao se utilizar a medição de velocidades de ondas P, tinha-se a expectativa de que, ao ocorrer o colapso de poros, houvesse um aumento da velocidade de ondas devido à compactação da amostra. A velocidade de ondas cresceu ao longo de todo o ensaio, apresentando, de uma maneira geral, quatro fases distintas de taxas de aumento de velocidade de onda: no início do ensaio, há um incremento acentuado na velocidade de ondas P, sendo o mesmo atribuído ao fechamento de fissuras da amostra. Logo a seguir o aumento da taxa de velocidade de onda diminui, apresentando um trecho linear, coincidente com o trecho linear da curva tensão *vs.* deformação. No trecho onde acontece a tensão de colapso, ocorre um patamar onde o aumento de velocidade é muito pequeno. Após a tensão de colapso, a velocidade de ondas volta a aumentar, configurando uma maior compactação da amostra.

A medição da permeabilidade demonstrou que há uma grande variação da mesma ao longo do ensaio. No início do ensaio a queda da permeabilidade é acentuada devido ao fechamento das fissuras, provocadas pelo alívio das tensões *in situ* durante a operação de testemunhagem, conforme visto anteriormente (Figura 1.3). Isso dificultou a verificação do efeito da tensão de colapso na permeabilidade, devido ao efeito de escala e também pela baixa permeabilidade das amostras. Como a tensão vertical efetiva inicial do reservatório era de 30 MPa, para tentar eliminar o efeito de escala, foi refeita a Figura 2.5, eliminando-se as medições iniciais do ensaio, que estavam fora da faixa de tensões atuantes no reservatório (Figura 2.18). Observa-se que a queda da permeabilidade é acentuada no trecho equivalente à região linear da curva tensão *vs.* deformação. Ao iniciar o trecho de colapso de poros, ocorreu um aumento da declividade na queda da permeabilidade, devido provavelmente ao início do processo de colapso da estrutura. Logo a seguir ocorre um patamar de permeabilidade aproximadamente constante, após a região de colapso, ocorrendo, então, uma nova queda. Na Figura 2.6, após a queda acentuada da permeabilidade, na região de colapso, há uma pequena recuperação da permeabilidade, devido a provável ocorrência de fraturas pela desestruturação do meio poroso. O mesmo ocorreu na Figura 2.11. As características das amostras dificultaram uma melhor visualização do efeito do colapso na permeabilidade. Entretanto, verifica-se que, mesmo na fase linear da curva tensão *vs.* deformação, houve uma queda significativa da permeabilidade.

Salienta-se que estes ensaios não apresentam condições ideais de medição de permeabilidade, uma vez que a amostra se deforma continuamente, não havendo tempo de estabilizá-la num determinado estado de tensão. O desenvolvimento de um ensaio que melhor caracterize as condições de permeabilidade *in situ*, foi deixado para uma etapa posterior.

Figura 2.18 – Ensaio do CP 04 – limitando o gráfico da permeabilidade

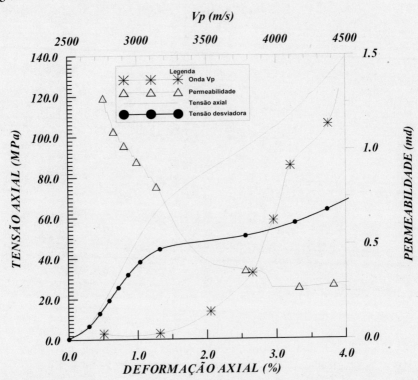

Fonte: o autor

Para verificação do que ocorre na matriz da rocha, foram feitas lâminas petrográficas em amostras antes e depois do ensaio de deformação uniaxial. As Figuras 2.19 a 2.22 mostram a configuração da matriz da rocha antes e após o ensaio nas fácies A e C. Pode-se observar que após os ensaios as amostras se encontram mais fechadas com redução do espaço poroso, confirmando que há um rearranjo do espaço poroso, demostrando que a diminuição de permeabilidade, um patamar de redução da taxa de velocidade de ondas e o aumento na taxa de deformação do ensaio estão relacionados com o colapso de poros da formação.

Figura 2.19 – Lâmina do CP 3 antes do ensaio, fundo azul é a porosidade

Fonte: o autor

Figura 2.20 – Lâmina do CP 3 após o ensaio, fundo azul é a porosidade

Fonte: o autor

Figura 2.21 – Lâmina do CP 01 antes do ensaio, fundo azul é a porosidade

Fonte: o autor

Figura 2.22 – Lâmina do CP 01 depois do ensaio, fundo azul é a porosidade

Fonte: o autor

2.2 ENSAIOS PARA OS CAMPOS DA BACIA DE SANTOS

2.2.1 Características das Amostras Ensaiadas

Com a experiência obtida nos ensaios para o campo B, da Bacia de Campos, em ensaios de deformação uniaxial, com a consequente obtenção da linha de tendência, foi realizado um estudo semelhante que representasse o comportamento das formações dos campos da Bacia de Santos. Os ensaios foram feitos com a mesma configuração dos ensaios para o campo B.

Os calcários da Bacia de Santos estão localizados a uma profundidade superior a 4.500 m. Eles consistem em quatro horizontes estratigráficos porosos – zonas de produção B1, B2, B3 e B4 –, que se intercalam com níveis fechados. As principais zonas produtoras são as zonas B2 e B1.

A zona B2 se caracteriza por apresentar macroporosidade do tipo intergranular e microporosidade do tipo intragranular e intracristalina. As macroporosidades intergranulares apresentam permeabilidades bastante altas, sendo que para a microporosidade intragranular as permeabilidades são baixas. A zona B1 apresenta basicamente microporosidade intragranular. Apesar de sua porosidade estar na mesma ordem de grandeza da zona B2, numa faixa de até 20%, esta apresenta baixos valores de permeabilidade.

O objetivo inicial era fazer ensaios por zona em cada campo da Bacia de Santos. À medida que se foi adquirindo maior experiência sobre colapso de poros, verificou-se que não era necessário realizar ensaios por campo isoladamente, e sim obter-se uma linha de tendência que representasse toda a formação. Assim foram realizados ensaios de diversos campos em amostras representativas da zona produtora de óleo.

Foram obtidas amostras da zona B2, tanto com macroporosidade intergranular como com microporosidade intragranular, e verificou-se que as tensões de colapso de poros para as amostras com microporosidade intragranular são muito mais altas do que para as amostras com macroporosidade intergranular, para uma mesma porosidade. Como as formações com microporosidade intragranular apresentam baixa permeabilidade, com alta dificuldade de se produzir o óleo e consequente baixa elevação de tensão efetiva na rocha, e ainda apresentam alta tensão para que ocorra o colapso de poros, decidiu-se concentrar esforços em amostras que apresentassem macroporosidade intergranular, por onde ocorre a produção de óleo.

Foram obtidas amostras de todos os campos para a zona B2. A Tabela 2.3 apresenta as características dos CP ensaiados.

Tabela 2.3 – Características das amostras para os ensaios dos campos da Bacia de Santos

CP	Poço/campo	Profundidade (m)	Porosidade (%)
02	1/1	4 903,47	11,1
04	1/1	4 903,85	13,3
05	1/1	4904,10	15,9
07	1/1	4 904,30	16,2
10	1/1	4 904,68	15,0
14	1/1	4 919,50	15,7*
16	1/1	4 920,00	15,1*
21	1/1	4 922,20	10,7*
01	2/2	4 902,30	9,4
02	2/2	4 903,83	9,2
03	2/2	4 909,10	5,4
08	3/3	4 735,55	20,0
01	3/3	4 731,90	21,2
02	3/3	4 732,75	19,3
03	3/3	4 730,00	18,1
04	3/3	4 732,55	20,9
201	4/3	4 782,35	14,6
202	4/3	4 783,50	15,2
203	4/3	4 784,25	14,4
204	4/3	4 782,60	18,4
205	4/3	4 782,60	16,4
206	4/3	4 785,50	16,1
01	5/4	4 964,30	13,0

Obs.: * – CP com microporosidade intragranular.

Fonte: o autor

2.2.2 Ensaios de Deformação Uniaxial

Foram realizados 23 ensaios de deformação uniaxial na zona B2, sendo que a maior parte dos ensaios foram realizados em CP com macroporosidade intergranular. Os CP 14, 16 e 21, entretanto, possuíam microporosidade intergranular com baixa permeabilidade, com feições geológicas similares à zona B1.

Os ensaios apresentaram um comportamento similar ao do Campo B. Da Figura 2.23 à Figura 2.45 são apresentadas as curvas obtidas nos ensaios. Inicialmente os gráficos são marcados por uma deformação não linear, com uma queda acentuada da permeabilidade, nos ensaios em que ela foi medida, devido ao fechamento de fissuras. Logo a seguir a curva tensão *vs.* deformação axial se torna linear. O que se observa nesse momento é que a permeabilidade continua diminuindo, porém com uma taxa menor do que no início do ensaio. Ao ocorrer a tensão de colapso de poros, a deformação axial cresce rapidamente a uma tensão constante, ocorrendo aí, provavelmente, a desestruturação da formação com uma queda abrupta da permeabilidade. A Figura 2.27 caracteriza bem esse comportamento, entretanto esse efeito não ficou muito claro em todos os ensaios.

As medições de ondas P e permeabilidade não foram realizadas em todos os ensaios.

Figura 2.23 – Ensaio de deformação uniaxial – CP 02, poço 1 campo 1

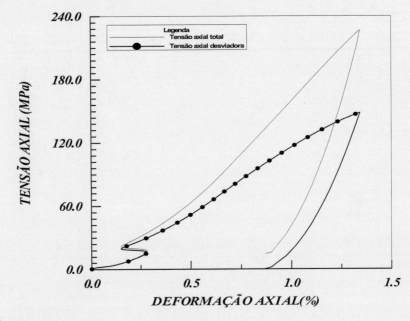

Fonte: o autor

Figura 2.24 – Ensaio de deformação uniaxial – CP 04, poço 1 campo 1

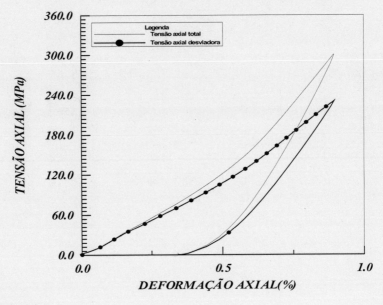

Fonte: o autor

Figura 2.25 – Ensaio de deformação uniaxial – CP 05, poço 1 campo 1

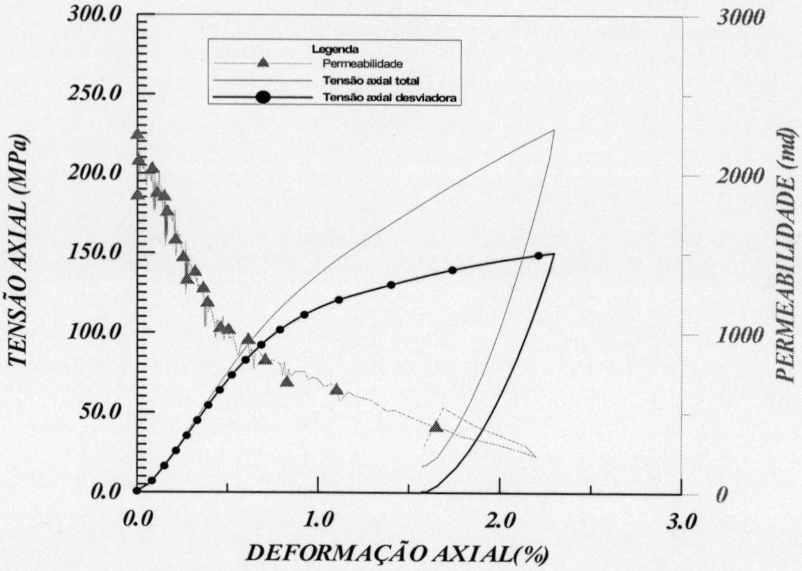

Fonte: o autor

Figura 2.26 – Ensaio de deformação uniaxial – CP 07, poço 1 campo 1

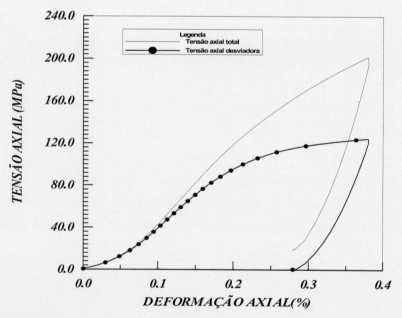

Fonte: o autor

Figura 2.27 – Ensaio de deformação uniaxial – CP 10, poço 1 campo 1

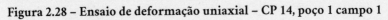

Fonte: o autor

Figura 2.28 – Ensaio de deformação uniaxial – CP 14, poço 1 campo 1

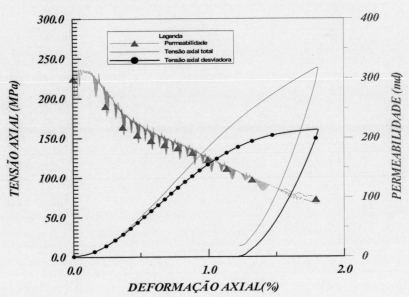

Fonte: o autor

Figura 2.29 – Ensaio de deformação uniaxial – CP 16, poço 1 campo 1

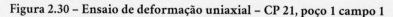

Fonte: o autor

Figura 2.30 – Ensaio de deformação uniaxial – CP 21, poço 1 campo 1

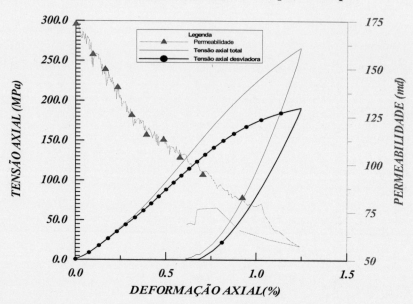

Fonte: o autor

Figura 2.31 – Ensaio de deformação uniaxial – CP 01, poço 2 campo 2

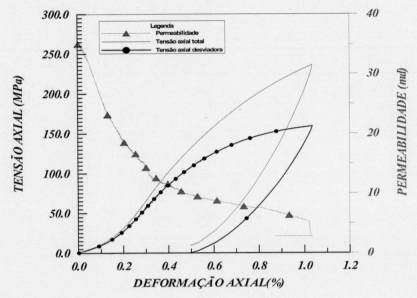

Fonte: o autor

Figura 2.32 – Ensaio de deformação uniaxial – CP 02, poço 2 campo 2

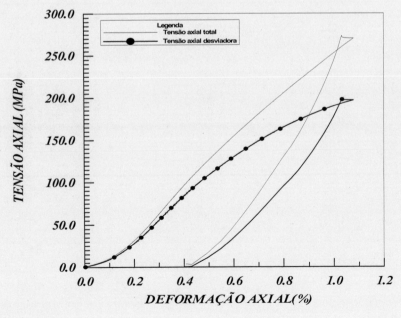

Fonte: o autor

Figura 2.33 – Ensaio de deformação uniaxial – CP 03, poço 2 campo 2

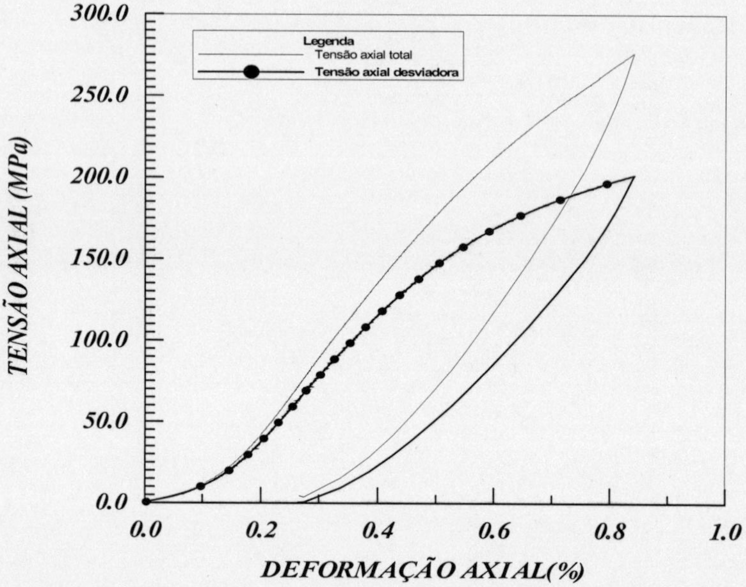

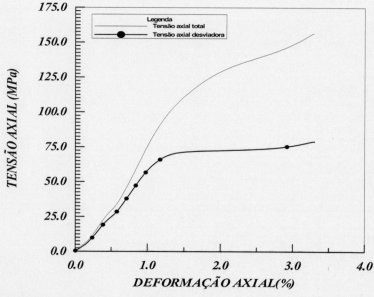

Fonte: o autor

Figura 2.34 – Ensaio de deformação uniaxial – CP 08, poço 3 campo 3

Fonte: o autor

Figura 2.35 – Ensaio de deformação uniaxial – CP 01, poço 3 campo 3

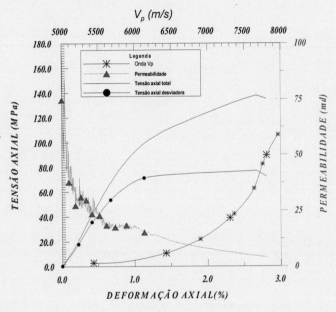

Fonte: o autor

Figura 2.36 – Ensaio de deformação uniaxial – CP 02, poço 3 campo 3

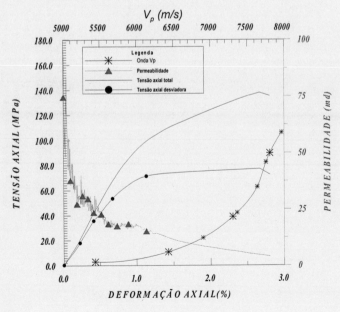

Fonte: o autor

Figura 2.37 – Ensaio de deformação uniaxial – CP 03, poço 3 campo 3

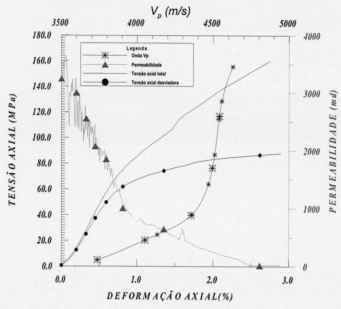

Fonte: o autor

Figura 2.38 – Ensaio de deformação uniaxial – CP 04, poço 3 campo 3

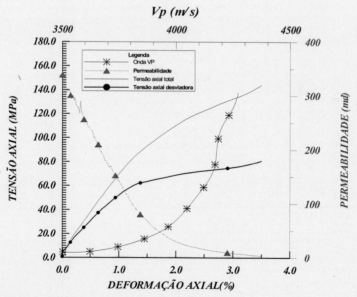

Fonte: o autor

Figura 2.39 – Ensaio de deformação uniaxial – CP 201, poço 4 campo 3

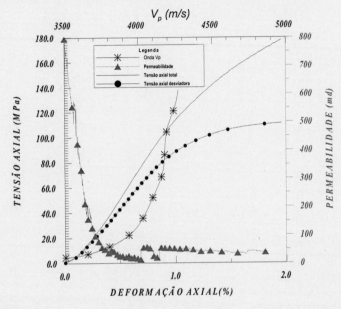

Fonte: o autor

Figura 2.40 – Ensaio de deformação uniaxial – CP 202, poço 4 campo 3

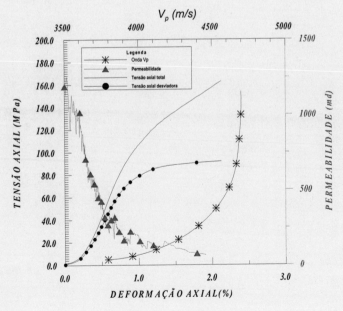

Fonte: o autor

Figura 2.41 – Ensaio de deformação uniaxial – CP 203, poço 4 campo 3

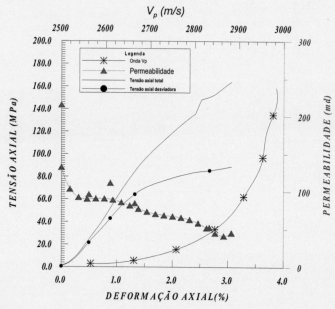

Fonte: o autor

Figura 2.42 – Ensaio de deformação uniaxial – CP 204, poço 4 campo 3

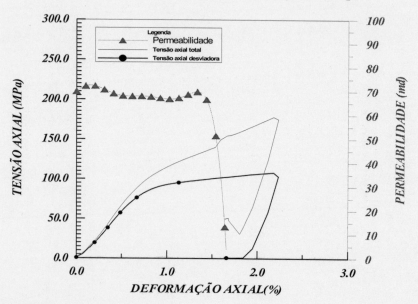

Fonte: o autor

Figura 2.43 – Ensaio de deformação uniaxial – CP 205, poço 4 campo 3

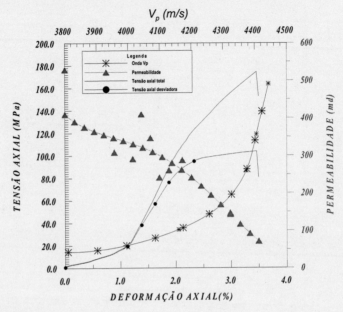

Fonte: o autor

Figura 2.44 – Ensaio de deformação uniaxial – CP 206, poço 4 campo 3

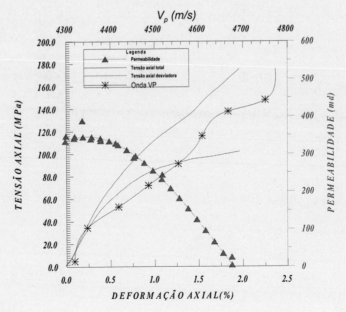

Fonte: o autor

Figura 2.45 – Ensaio de deformação uniaxial – CP 01, poço 5 campo 4

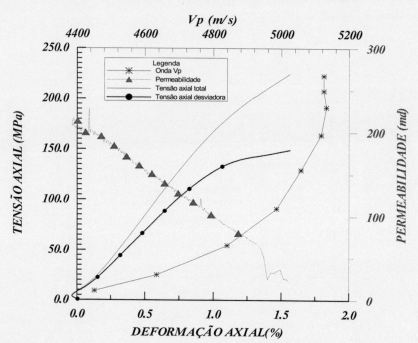

Fonte: o autor

Como não havia disponível nenhum critério para se definir a tensão de colapso de poros, utilizou-se o procedimento de se obter uma tangente na fase linear e outra na fase de deformação plástica, após a ocorrência de colapso, da curva tensão axial *vs.* deformação axial. A tensão de colapso de poros seria obtida no ponto de interseção entre as duas tangentes. A Figura 2.46 mostra o exemplo para o CP 05 do poço 1 campo 1.

Figura 2.46 – Obtenção da tensão de colapso de poros para o CP 05, poço 1 campo 1

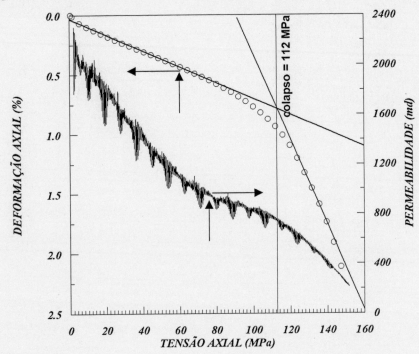

Fonte: o autor

Assim como foi feito para o campo B da Bacia de Campos, construiu-se uma linha de tendência a partir da utilização de todas as curvas deformação *vs.* tensão axial total dos ensaios de deformação uniaxial em um mesmo gráfico, utilizando-se a porosidade das amostras medida na petrografia. A porosidade inicial serve apenas como um parâmetro para se observar como ocorre a variação da deformação axial em função da porosidade.

A Figura 2.47 mostra a linha de tendência obtida a partir dos ensaios realizados para os campos da Bacia de Santos. Para se obter a tensão de colapso para uma determinada porosidade, basta seguir paralelamente aos trechos lineares dos ensaios até encontrar a linha de tendência, que é o lugar geométrico das tensões que iniciam o colapso de poros. Aqui também não se aplicou a correção proposta por Smits (1988), devido à diferença entre as taxas de deformação de ensaio e a que ocorre no campo.

A linha de tendência foi construída a partir das tensões de colapsos obtidas, conforme definido anteriormente, de cada ensaio, cujos valores são apresentados na Tabela 2.4.

Tabela 2.4 – Características das amostras para os ensaios dos campos da Bacia de Santos

CP (poço/campo)	Porosidade (%)	Tensão de colapso (MPa)
02 (1/1)	11,1	164,8
04 (1/1)	13,3	300,6
05 (1/1)	15,9	130,6
07 (1/1)	16,2	147,1
10 (1/1)	15,0	143,2
14 (1/1)	15,7*	191,1
16 (1/1)	15,1*	197,4
21 (1/1)	10,7*	207,7
01 (2/2)	9,4	166,7
02 (2/2)	9,2	194,3
03 (2/2)	5,4	205,6
08 (3/3)	20,0	108,7
01 (3/3)	21,2	99,5
02 (3/3)	19,3	104,4
03 (3/3)	18,1	79,6
04 (3/3)	20,9	88,5
201 (4/3)	14,6	145,7
202 (4/3)	15,2	124,1
203 (4/3)	14,4	91,0
204(4/3)	18,4	109,1
205 (4/3)	16,4	125,6
206 (4/3)	16,1	113,2
01 (5/4)	13,0	178,4

Obs.: * – CP com microporosidade intragranular.

Fonte: o autor

Observou-se que as amostras que apresentaram microporosidade intragranular apresentaram tensões de colapso de poros mais altas, conforme pode ser visto nessa tabela e na Figura 2.47 – com os três pontos marcados com asteriscos. Esse tipo de rocha apresenta permeabilidade bem mais baixa, para uma mesma porosidade, se comparado com aquelas com macroporosidade intergranular. Formações com mais baixa permeabilidade, para uma mesma porosidade, tendem a entrar em colapso com tensões mais altas. Nessa mesma figura, os pontos circulares cheios representam as tensões de início de colapso de poros para as amostras, conforme a Tabela 2.4. Para a obtenção da linha de tendência da zona B2, utilizaram-se as amostras de todos os poços ensaiados, que pertenciam a diferentes campos da bacia de Santos, conforme a legenda da figura, o que proporcionou uma melhor distribuição de ensaios de acordo com a porosidade, obtendo-se dessa maneira uma linha de tendência de colapso de poros para a zona B2 da Bacia de Santos.

Figura 2.47 – Linha de tendência obtida nos ensaios de deformação uniaxial para a Bacia de Santos

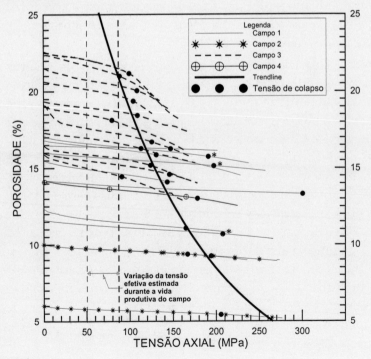

Fonte: o autor

2.2.3 Análise dos Resultados dos Ensaios para os Campos da Bacia de Santos

Uma vez obtida a linha de tendência da formação, pôde-se fazer um mapeamento das tensões de colapso de poros para a zona B2 da Bacia de Santos por meio da realização dos ensaios de deformação uniaxial. Por exemplo, para uma porosidade inicial de aproximadamente 25%, a tensão de colapso de poros obtida seria de 65 MPa. À medida que a porosidade vai diminuindo, a tensão necessária para se atingir o colapso de poros aumenta.

A tensão de colapso de poros ocorre com valores diferenciados no reservatório, de acordo com a porosidade. Os trechos com maior porosidade tendem a entrar em colapso primeiro, do mesmo modo como foi observado para as amostras do campo B da Bacia de Campos.

Os ensaios demonstraram também que o colapso pode ser considerado como um dano permanente, pois, uma vez definido um novo arcabouço para a estrutura da rocha, não há como recompor a estrutura original. Em alguns casos o fechamento da formação é bastante acentuado e leva a valores muito baixos de permeabilidade. O desconhecimento desse fenômeno poderá resultar numa recuperação final de óleo diferente da previsão inicial obtida pelos simuladores computacionais, levando a estudos de viabilidade técnica e econômica não representativos.

Os registros da medição da velocidade de propagação da onda compressional P, no interior da amostra de rocha durante os ensaios, foram sensíveis ao aumento da tensão efetiva. Essa relação, tensão efetiva *vs.* velocidade de onda P, apresenta inicialmente um gradiente de aumento de velocidade elevado, correlacionado com o fechamento das fissuras da amostra. No trecho linear do gráfico tensão *vs.* deformação o gradiente de aumento da velocidade tende a diminuir com o aumento da tensão efetiva. Ao atingir a tensão de colapso, a velocidade de onda tende a formar um patamar onde o aumento da velocidade é muito pequeno, com valores de velocidade de onda aproximadamente constantes. Após a região de colapso, a velocidade tende a aumentar devido à forte compactação na sua estrutura interna, conforme pode ser visto na Figura 2.38. Nesses ensaios para a Bacia de Santos, bem como para o campo B da Bacia de Campos, não foram feitas correções na altura do CP ao longo do ensaio para o cálculo da velocidade de onda.

Nos ensaios dos campos da Bacia de Santos, conforme ocorreu com as amostras do campo B da Bacia de Campos, houve uma queda acentuada da permeabilidade ao longo dos ensaios. Esses ensaios, como foi dito anteriormente, não representam a melhor maneira de representar a queda de permeabilidade na formação, tanto pela contínua deformação da amostra como pelo fluxo da amostra estar paralelo à tensão vertical. Entretanto, a Figura 2.27 mostra o que pode ocorrer com a permeabilidade ao se atingir a tensão de colapso de poros da formação. Nesse ensaio a permeabilidade cai abruptamente ao se atingir a tensão de colapso. Entretanto, mesmo antes, quando a curva tensão *vs.* deformação uniaxial apresenta um comportamento linear, verifica-se uma queda contínua da permeabilidade, demostrando que a mesma varia de acordo com o estado de tensão, conforme verificou Rhett (1992). Logo se verifica que a permeabilidade não é constante ao longo da vida produtiva de um campo de petróleo. Este é um aspecto importante que não é levado em conta nas simulações feitas para estudo de reservatórios, bem como os efeitos que as mudanças no estado de tensão atuante na matriz da rocha-reservatório podem ter sobre a permeabilidade.

As amostras analisadas representam calcarenito oolítico bimodal médio/grosso e calcarenito oolítico médio com peloides subordinados (granulometria areia fina). A cimentação de calcita espática, originada em subsuperfície, foi inexpressiva para impedir a compactação. Alguma cimentação de origem meteórica foi observada na profundidade de 4.732,75 m, do poço 3 campo 3. Para se verificar o comportamento da estrutura da formação perante a compressão, foram feitas lâminas antes e depois do ensaio, retiradas de amostras usadas no ensaio de deformação uniaxial.

A resposta dos grãos do arcabouço à compressão variou segundo pequenas diferenças na composição e diagênese, a saber:

i. presença de delgada franja meteórica;

ii. presença de peloides e cimento espático de subsuperfície;

iii. presença de peloides (grãos de tamanho areia fina) formando uma matriz em meio aos oolitos de tamanhos médios e grossos;

iv. ausência de franja meteórica e ausência de peloides.

A presença de delgada franja meteórica pode ser vista na Figura 2.48, na foto superior. A adaptação à compressão ocasionou uma compactação e um rearranjo dos grãos que "deslizaram" uns sobre os outros, passando a ocupar os poros (Figura 2.48 – foto inferior), ocorrendo uma expressiva diminuição da porosidade inicial.

Na Figura 2.49 observa-se presença de peloides e cimento espático de subsuperfície, formando uma matriz em meio aos oolitos de tamanhos médios e grossos (foto superior). Após o ensaio, houve um rearranjo e deformação dos grãos diminuindo a porosidade de maneira acentuada.

A presença de peloides formando uma matriz em meio aos oolitos de tamanhos médios e grossos pode ser vista na Figura 2.50, foto superior. A compactação afetou o contato entre os grãos formando contatos suturados, por vezes chegando até a causar microfraturas nos grãos do arcabouço (foto inferior). Os grãos de tamanho areia fina (peloides) foram intensamente fraturados chegando a formar uma matriz carbonática mais fina, diminuindo expressivamente a porosidade original.

Na ausência de franja meteórica e ausência de peloides (Figura 2.51, foto superior), ocorreu compactação que afetou somente o contato entre os grãos (oolitos grossos e médios), formando contatos suturados e mantendo parte da porosidade original (Figura 2.51, foto inferior).

Figura 2.48 – Foto superior, lâmina antes do ensaio. Notar a dissolução de córtex de oolitos, o contato pontual entre os grãos e uma delgada franja meteórica. Foto inferior, lâmina após o ensaio. Os contatos tornam-se retos e os peloides são esmagados uns contra os outros. Objetiva de 10x. CP 08 – profundidade 4.735,55 m – poço 3, campo 3 – Fundo azul é a porosidade

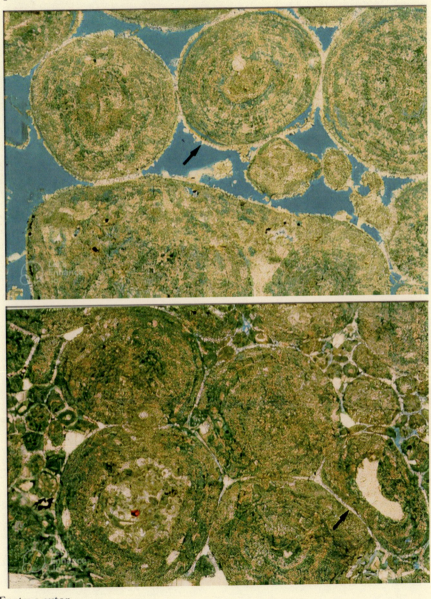

Fonte: o autor

Figura 2.49 – Foto superior, lâmina antes do ensaio. Notar o contato pontual a presença de peloides e a cimentação carbonática espática de subsuperfície. Foto inferior, lâmina após o ensaio. Os contatos tornam-se retos e os peloides ficam deformados. Objetiva de 10x. CP 08 – profundidade 4. 735,55 m – poço 3, campo 3 – Fundo azul é a porosidade

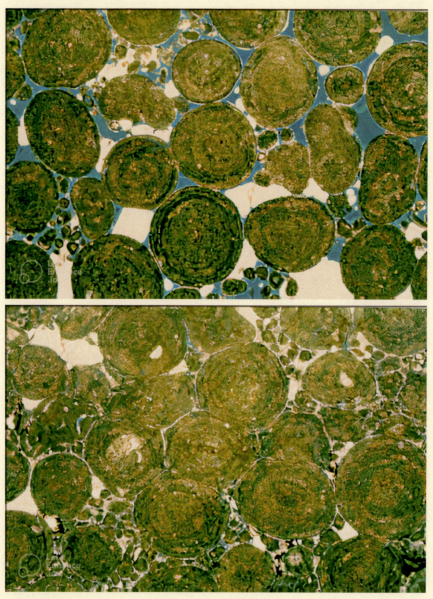

Fonte: o autor

ENSAIOS EXPERIMENTAIS PARA DEFINIÇÃO DO MODELO DE CAP – COLAPSO DE POROS

Figura 2.50 – Foto superior, lâmina antes do ensaio. Contato pontual entre os grãos e pouco cimento espático de subsuperfície. A escala representa 0,2 mm. Foto inferior, lâmina após o ensaio. Os contatos tornam-se retos e os grãos maiores são fraturados. CP 01 – profundidade 4. 731, 90 m – poço 3, campo 3 – Fundo azul é a porosidade

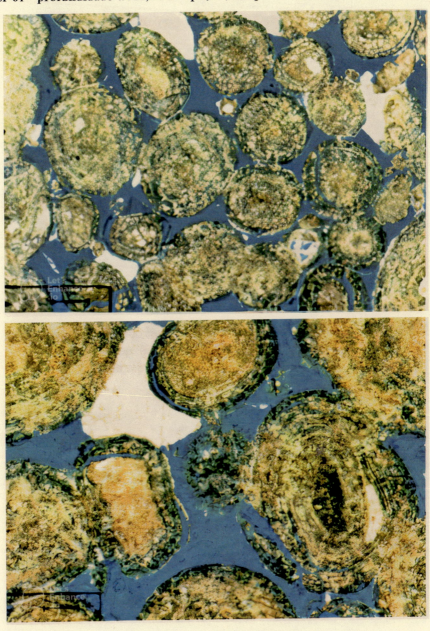

Fonte: o autor

Figura 2.51– Foto superior, lâmina antes do ensaio. Notar o contato pontual entre os grãos e raro cimento espático de subsuperfície. A escala representa 0,2 mm. Foto inferior, lâmina após o ensaio. Os contatos tornam-se retos e os grãos maiores são fraturados. A escala representa 0,1 mm. CP 201 – profundidade 4. 782,35 – poço 4, campo 3 – Fundo azul é a porosidade

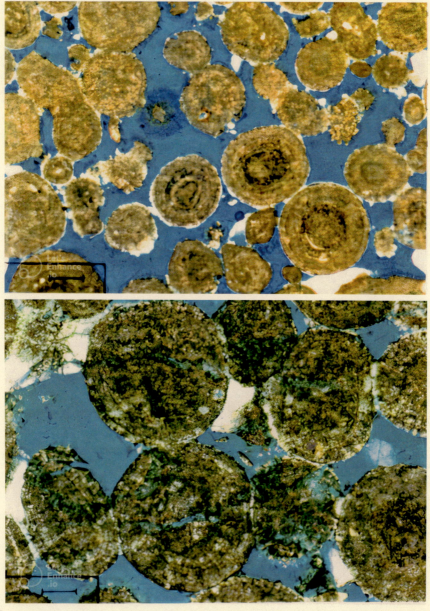

Fonte: o autor

2.3 OS RESULTADOS EM FUNÇÃO DO ESTADO DE TENSÃO DOS CAMPOS

Uma vez obtida a linha de tendência das tensões de colapso de poros em função da porosidade, o passo seguinte seria compará-la com o aumento das tensões efetivas atuantes no reservatório, devido à produção do campo. Na Figura 2.17, para o campo B, e Figura 2.47, para os campos da Bacia de Santos, podem ser observadas as faixas esperadas de tensão vertical efetiva ao longo da vida produtiva dos respectivos campos.

Para o campo B da Bacia de Campos se observa que a tensão vertical efetiva atingiu a tensão de colapso para as porosidades de até aproximadamente 27%. Para as maiores porosidades, a tensão de colapso foi atingida, com alta probabilidade de que a baixa recuperação de óleo do campo e a súbita redução de vazão ocorrida nos poços possam ter sido causadas por um dano permanente devido ao colapso da estrutura da matriz da rocha nas partes de mais altas porosidades e, consequentemente, de maior permeabilidade.

O campo B da Bacia de Campos era um caso importante, pois nele o estudo foi feito após a suposta ocorrência de colapso de poros, verificando-se que, uma vez ocorrido o problema, a recuperação do dano se torna de difícil solução, demostrando, assim, a importância de se prever com antecedência a possível ocorrência de colapso de poros no campo e definir, a partir de então, uma política de produção preventiva. Uma proposta interessante para esse campo, no sentido de minimizar o efeito de colapso de poros, seria a utilização de poços horizontais ou multilaterais, que, além de atingir um horizonte maior dentro reservatório, apresentam um menor diferencial de pressão na parede do poço, reduzindo o incremento da tensão efetiva ao longo de todo reservatório.

Uma evidência da ocorrência de colapso de poros pôde ser verificada ao ser perfurado um poço multilateral para o campo B da Bacia de Campos, ou seja, a perfuração de uma perna de poço horizontal a partir de um poço vertical existente. Foram encontrados trechos com a pressão estática original do campo. Os técnicos do campo explicam a ocorrência dessa pressão original devido à baixa permeabilidade do reservatório. No entanto, este fato pode ser explicado pela ocorrência de colapso de poros.

Para os campos da Bacia de Santos, o cálculo das tensões efetivas foi feito pelo sistema AEEPECD (Análise Estática Elastoplástica de Estruturas, Cavidades e Descontinuidade – Costa, 1984 e Polillo, 1987), a partir da curva de pressão estática prevista por simulações feitas pela engenharia de reservatórios responsável por esses campos. Pela Figura 2.47, verifica-se que a tensão de colapso seria alcançada para as maiores porosidades, no final da vida produtiva do campo.

3

DEFINIÇÃO DE COLAPSO DE POROS PELO FECHAMENTO DA ENVOLTÓRIA

O capítulo anterior mostrou a experiência adquirida para a obtenção da tensão de colapso de poros por meio do ensaio de deformação uniaxial. No entanto algumas limitações puderam ser observadas:

i. o caminho de tensões seguido pelo ensaio representa apenas um caminho único, que pode não ser necessariamente seguido pelo reservatório;

ii. essa metodologia não se aplicava à região da parede do poço, devido às alterações produzidas no estado de tensão pela perfuração do poço.

O objetivo deste trabalho foi estabelecer uma metodologia, através de um programa experimental para:

i. estabelecimento de bases de um modelo que possa prever o início do colapso de poros para qualquer trajetória de tensões;

ii. quantificar as deformações elásticas/plásticas antes do colapso de poros ocorrer;

iii. obtenção das características de resistência; e

iv. verificar a influência da porosidade inicial.

Tal modelo complementa aqueles existentes para os estudos de estabilidade de poços e produção de areia, que trabalham basicamente com ruptura por cisalhamento, devido à trajetória de tensões seguidas nesses casos. A Figura 3.1 mostra essa nova metodologia que será implementada neste trabalho.

Figura 3.1 – Modelo de fechamento de envoltória de ruptura

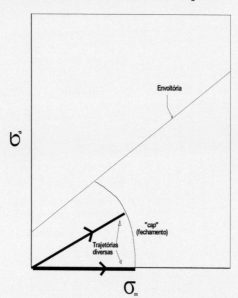

Fonte: o autor

Nos estudos de estabilidade de poços ou produção de areia são feitas as verificações se as trajetórias irão atingir ou não a envoltória de ruptura. Se a envoltória não for atingida, a formação estará estável, caso contrário instável.

No caso da produção de um poço, a trajetória esperada ocorre abaixo da envoltória de ruptura. À medida que a pressão estática diminui (devido à produção de óleo), a tensão média na rocha-reservatório aumenta. Ao se atingir um determinado nível de tensão média começa a haver um incremento na taxa de deformação, acentuando o processo de plastificação da rocha, associando-se esse processo ao colapso de poros. Nesse ponto, atinge-se uma curva escoamento que fecha a parte aberta da envoltória de ruptura. Essa tensão será definida como tensão de colapso de poros. Uma observação importante vista anteriormente é o fato de a tensão de colapso ser função da porosidade. A curva de fechamento da envoltória será atingida, inicialmente, para a porosidade mais alta do reservatório. Com a continuação da produção do campo, se atinge a curva de fechamento para outras porosidades mais baixas. Logo, o colapso da estrutura vai ocorrendo gradualmente, da maior para a menor porosidade, à medida que a tensão média vai aumentando.

A metodologia apresentada constata que, mesmo antes de se atingir a curva de fechamento, ocorrem deformações plásticas simultaneamente com deformações elásticas. Assim, a curva de fechamento seria uma curva onde se inicia um incremento da taxa de deformações plásticas.

3.1 INTRODUÇÃO AO CAMPO DE ESTUDO

O campo de estudo escolhido foi o campo C da Bacia de Campos, por apresentar uma formação muito semelhante ao campo B da Bacia de Campos, estando, portanto, sujeito a grandes deformações e ao colapso de poros. O conhecimento prévio desse comportamento será importante para se estabelecer uma estratégia adequada de desenvolvimento e produção do campo.

Segundo Campozana *et al.* (1998), o campo C da Bacia de Campos está localizado na Bacia de Campos a 90 km da costa, com lâmina d'água variando de 200 a 600 m. Possui uma área aproximada de 114 km^2 e o reservatório se encontra numa profundidade média de 3.000 m. O seu reservatório é formado por um carbonato com dois arenitos sobrepostos. Esses dois arenitos possuem um volume pequeno quando comparados com o calcarenito, que possui 85% do volume total de óleo.

3.1.1 Modelo Geológico

Os carbonatos do campo C da Bacia de Campos têm uma estrutura em forma de domo anticlinal associado à atividade de um domo salino localizado numa região logo abaixo do reservatório. A rocha é bastante heterogênea, com os tamanhos dos grãos variando de fino a muito fino. Importantes processos diagenéticos contribuíram para a complexa propriedade de distribuição do reservatório. A rocha capeadora é constituída por calcarenito muito fechado. Não há evidência de um sistema de fraturas significativas no reservatório que possa impactar significativamente o fluxo de fluído.

3.1.2 Geofísica do Reservatório

A utilização de sísmica 3D foi decisiva para a identificação, delimitação e caracterização do carbonato do campo C da Bacia de Campos. A excelente qualidade dos dados sísmicos permitiu uma análise detalhada dos atributos sísmicos, correlacionando-os com dados geológicos de poço. Como consequência, uma boa definição da geometria interna e externa do reservatório pôde ser obtida.

Foi feita uma detalhada comparação entre os dados sísmicos dos carbonatos dos reservatórios do campo C e do campo de B da Bacia de Campos, uma vez que esses reservatórios são muito similares e o campo B possui muito mais dados de poços. A correlação entre as propriedades de rochas e os atributos sísmicos são muito boas para o campo B. Para o campo C, essas correlações ainda estavam por ser testadas.

3.1.3 Estudo Geoestatístico

Foi feito um estudo geoestatístico para o reservatório de calcarenito, baseado em dados sísmicos, de poços, e uma cuidadosa analogia entre os campos C e B. O campo B está localizado a 22 km de distância do campo C, na Bacia de Campos. O carbonato do campo B é muito parecido com o reservatório do campo C, sendo que essa similaridade foi muito importante, devido à falta de dados para o campo C, para o estudo do reservatório.

São as seguintes as similaridades geológicas apresentadas entre os campos C e B: ambos pertencem à mesma formação; possuem estruturas similares causadas por halocinese associada ao crescimento de falhas; mesmo ambiente deposicional (predominantemente profundo com ocorrência locais de bancos rasos) e mesma fácies litológica.

3.2 ETAPA INICIAL DE ESTUDOS

3.2.1 Amostras Obtidas

Foi feito um levantamento inicial dos testemunhos existentes para o campo C. Verificou-se que as amostras disponíveis eram muito fechadas, de permeabilidade muito baixa, sendo representativa de uma litologia desfavorável em termos de produção do reservatório. Mesmo assim, separaram-se algumas amostras para ensaios iniciais desse material, enquanto se aguardava a testemunhagem para a obtenção de amostras da zona produtora do campo, que estava programada para um poço a ser perfurado no campo C.

Contudo, ao ser perfurado o poço, não se conseguiu obter um testemunho representativo da zona produtora do reservatório, recuperando-se uma amostragem muito fechada, idêntica as que foram separadas inicialmente.

As amostras foram retiradas, preparadas, extraídos os resíduos de óleo e feitas medições de porosidade. A porosidade máxima medida pela petrografia ao longo do testemunho estava em torno de 20% e permeabilidade de 0,5 md. A Tabela 3.1 apresenta as características das amostras.

Nota-se uma pequena variação na porosidade. A porosidade dos CP de 5 a 9 está numa faixa de 22% e os CP de 1 a 4, em torno de 17%. A princípio, como o material é muito fechado e a diferença de porosidade não sendo muito grande, será adotada para esse material como representativa de uma porosidade de 20%.

Tabela 3.1 – Características das amostras

CP	Profundidade (m)	Diâmetro (mm)	Altura (mm)	Porosidade (%)
1	3 166,65	38,00	80,40	17,8
2	3 167,67	37,99	39,09	17,3
3	3 169,38	37,94	80,38	15,5
4	3 169,45	37,98	83,94	16,3
5	3 170,90	37,04	40,29	20,0
6	3 171,00	38,03	40,43	23,4
7	3 172,20	37,94	80,60	22,3
8	3 172,40	37,12	79,40	20,1
9	3 173,40	38,03	80,52	21,2

Fonte: o autor

3.2.2 Ensaios Realizados

Para cumprir os objetivos previstos, foram estabelecidos ensaios para a obtenção da curva de fechamento (*cap*) e as características de resistência das rochas.

3.2.2.1 Ensaios para a Curva de Fechamento

Para a obtenção da curva de fechamento, é necessário fazer ensaios com trajetórias de tensões diversas. A trajetória do ensaio é importante, pois ela é que irá posicionar a trajetória de tensões seguida e a localização da tensão de colapso, definindo-se assim a curva de fechamento. As trajetórias de tensões seguidas no presente trabalho são definidas pela relação:

$$k = s'_h / s'_v \qquad (3.1)$$

Onde:

s'_h = tensão lateral efetiva (ensaios) ou horizontal efetiva (se referido ao campo) e

s'_v = tensão axial efetiva (ensaios) ou tensão vertical efetiva (se referido ao campo).

Para definição da curva de fechamento foram realizados os seguintes ensaios:

i. deformação uniaxial (oedométrico - k entre 0,2 e 0,3)
ii. hidrostáticos (k = 1)
iii. k constante (0,3 á k á 1,0)

3.2.2.1.1 Ensaios de deformação uniaxial

O ensaio de deformação uniaxial por não ter deformações laterais, não apresenta problemas de atrito da amostra com os *caps*, não sendo necessário manter a relação altura/diâmetro da amostra entre 2 e 3, conforme preconizado pelo I.S.R.M. (1988), o que não acontece com os outros dois tipos de ensaio. Por isso, os CP 2, 5 e 6 foram reservados para esses ensaios. A ideia inicial era de se fazer, ao mesmo tempo, medições de velocidade de ondas P e de permeabilidade. Por se tratar de uma amostra muito fechada, verificou-se que seria necessária a aplicação de um diferencial de pressão muito alto para se obter um fluxo de óleo pelo CP. Como a amostragem não era representativa da zona produtora do reservatório, decidiu-se não fazer medição de permeabilidade e de ondas P, a fim de simplificar os procedimentos de ensaios nesta etapa inicial e por não serem essas informações importantes, dadas as características das amostras.

Como o CP 6 apresentava a maior porosidade, decidiu-se utilizá-lo primeiro. Entretanto, devido a problemas operacionais no ensaio, o mesmo foi perdido para a obtenção de dados.

Para o ensaio com o CP 5, decidiu-se evitar fazer descarregamento na fase linear, devido às dificuldades experimentais iniciais, sendo realizado um descarregamento somente numa fase avançada de ensaio. A Figura 3.2 mostra o gráfico obtido do ensaio.

Figura 3.2 – Ensaio de deformação uniaxial do CP 5

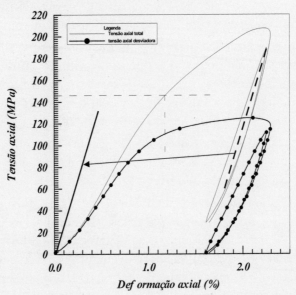

Fonte: o autor

Na Figura 3.2 observa-se que realmente foi atingida uma tensão de colapso de poros. A curva tensão axial desviadora *vs.* deformação axial mostra a fase de escoamento com mais nitidez do que a curva tensão axial total *vs.* deformação axial. Para o cálculo da tensão de colapso, adotou-se, inicialmente, um método análogo ao de Casagrande (1936), o qual é usado para a obtenção da tensão de sobreadensamento em solos. Esse procedimento será utilizado provisoriamente, enquanto não se introduz um método próprio para colapso de poros. As linhas tracejadas na figura mostram a tensão de 146,0 MPa obtida para início de colapso da amostra. Esse valor muito alto ocorreu devido ao tipo de material ensaiado.

O valor de k medido na fase linear foi de 0,3, dentro da faixa esperada para esse tipo de ensaio (0,25 a 0,30).

A fase de carregamento e descarregamento é importante para verificação do comportamento elástico da rocha. Se a linha média entre o carregamento e descarregamento, no gráfico tensão *vs.* deformação, for paralela à fase linear do ensaio, então a amostra possui um comportamento puramente elástico nessa fase.

O que se verifica na Figura 3.2, no entanto, é que essa linha média tem uma inclinação maior do que a inclinação da reta da fase linear. Isso é facilmente observado ao se deslocar essa linha média para o início do trecho linear do gráfico tensão axial total *vs*. deformação axial. Verifica-se assim que na fase linear existem tanto deformações plásticas quanto elásticas.

Na prática, ocorre frequentemente desprezar-se as deformações plásticas nessa fase, devido a sua pequena magnitude, considerando-se somente as deformações elásticas. Essa observação foi importante, pois a partir dela será definido um procedimento para a obtenção da tensão de colapso de poros, conforme será visto posteriormente.

Para o ensaio do CP 2, conseguiu-se ajustar o programa de geração de ensaio para um descarregamento na fase linear e outro após a tensão de colapso. A Figura 3.3 mostra o gráfico obtido.

As linhas médias dos carregamentos e descarregamentos na fase linear e logo após a tensão de colapso são paralelas. Mais uma vez se observa que a linha média do descarregamento e carregamento tem uma inclinação maior que o trecho linear da curva tensão *vs*. deformação axial total. Apesar de este CP apresentar uma porosidade mais baixa, teve, no entanto, uma tensão de colapso mais baixa, de 129,4 MPa. O valor de k medido foi 0,27. As porosidades, as tensões de colapso obtidas e as trajetórias de tensões seguidas tiveram valores muito próximos, não sendo necessário, para essas pequenas diferenças, maiores considerações.

Figura 3.3 – Ensaio de deformação uniaxial do CP 2

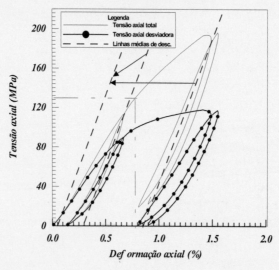

Fonte: o autor

3.2.2.1.2 Ensaios hidrostáticos e ensaios com trajetórias de tensões predefinidas

Para os ensaios hidrostáticos, a questão inicial era se o equipamento disponível, cuja capacidade estava limitada a 80 MPa, conseguiria atingir as tensões de colapso.

Como pode ser visto na Figura 3.4, realmente não se atingiu a tensão de colapso. Observa-se que na fase linear ocorrem deformações elásticas e plásticas. Nessa mesma figura, verifica-se que no início do ensaio, para baixas tensões e deformações, há uma fase não linear correspondente ao fechamento de fissuras provocadas pela retirada da amostra do seu estado de tensão *in situ*. No trecho inicial, portanto, existe uma deformação plástica provocada por uma perturbação no material que não deve ser levada em consideração. Considerou-se, então, um prolongamento do trecho linear até alcançar o eixo das deformações, obtendo-se assim a origem das curvas sem o efeito do fechamento das fissuras. A partir do carregamento e descarregamento da amostra, foi obtida a reta das deformações elásticas (como feito anteriormente no ensaio oedométrico). Em seguida, transladou-se essa reta até a nova origem do ensaio, obtido anteriormente, conforme pode ser visto na Figura 3.5. A Figura 3.6 mostra as deformações plásticas e elásticas obtidas com o CP 7. Esse procedimento foi adotado ao longo deste trabalho para a obtenção das deformações plásticas e elásticas.

Figura 3.4 – Ensaio hidrostático – CP 7

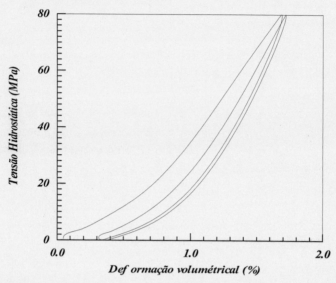

Fonte: o autor

Figura 3.5 – Obtenção das deformações plásticas e elásticas para o ensaio do CP 7

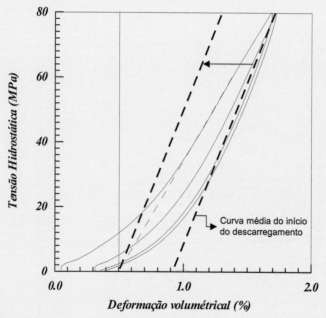

Fonte: o autor

Figura 3.6 – Esquema final das deformações plásticas e elásticas para o CP 7

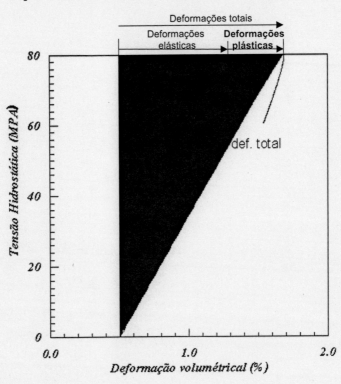

Fonte: o autor

O ensaio com o CP 7 foi muito importante, pois mesmo não se atingindo a tensão de colapso, permanecendo apenas no trecho linear, verificou-se, ainda assim, a existência de deformações plásticas não associadas ao fechamento de fissuras.

Com esse mesmo CP, por não ter apresentado indícios de colapso, decidiu-se fazer um ensaio com uma trajetória de tensões predefinida, com k = 0,4. Como a tensão lateral, que é obtida com a pressão confinante, é crescente ao longo do ensaio, teremos novamente problemas com a limitação de 80 MPa do equipamento. A Figura 3.7 mostra os resultados obtidos. Com essa trajetória de tensões, conseguiu-se definir uma tensão de colapso em torno de 145 MPa.

O CP 8, em ensaio de compressão hidrostática, apresentou o mesmo problema do CP 7, não se conseguindo obter as tensões de colapso de poros. A Figura 3.8 mostra o gráfico obtido.

Figura 3.7 – Ensaio para o CP 7 para k = 0,4

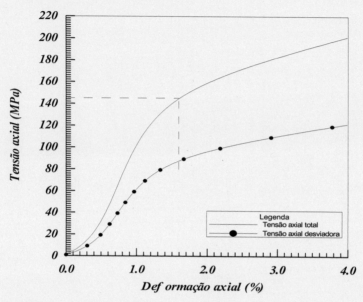

Fonte: o autor

Figura 3.8 – Ensaio hidrostático para o CP 8

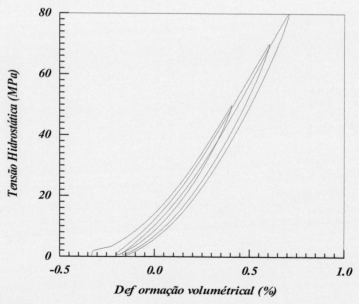

Fonte: o autor

A inclinação das curvas de carregamento e descarregamento confirmou a existência de deformações plásticas e elásticas na fase linear. Os valores negativos, para a deformação volumétrica, se devem ao fato de se ter iniciado o ensaio com valores negativos de deformações, sem ter zerado as deformações iniciais na configuração de aquisição de dados.

Foi realizado, também com o CP 8, ensaio com trajetória de tensões predefinida. Desta vez utilizou-se k = 0,6. Este ensaio estaria mais próximo da trajetória de tensões dos ensaios hidrostáticos. Para o equipamento disponível, quanto mais próxima é a trajetória de tensões do ensaio hidrostático, maior é a probabilidade de não se atingir o colapso, devido à limitação da pressão de confinamento para esse tipo de material.

A Figura 3.9 apresenta o gráfico obtido do ensaio. O ensaio teve que ser interrompido logo no início da caracterização da tensão de colapso, devido à pressão confinante ter atingido o valor limite do equipamento.

Figura 3.9 – Ensaio para o CP 8 para k = 0,6

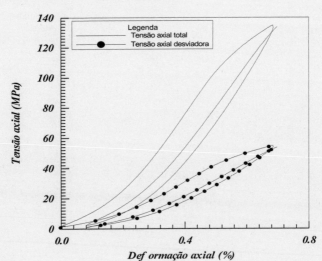

Fonte: o autor

Para esse ensaio, foi considerada como tensão de colapso a tensão máxima obtida no ensaio, de 133,7 MPa. Pela Figura 3.9, observa-se que o trecho linear estava bem configurado, iniciando-se o trecho curvo, onde se define a tensão de colapso de poros, não se possibilitando uma boa definição do seu valor.

Para uma melhor caracterização do colapso, fez-se um ensaio com o k = 0,4 para o CP 8. A Figura 3.10 mostra os resultados obtidos. A tensão de colapso ficou mais bem definida, como ocorreu com o CP 7 (Figura 3.7).

A tensão de colapso obtida foi de 156 MPa. O valor desta tensão por si só perde o significado se não for referida à trajetória de tensões seguida, conforme será mostrado mais adiante. Verificou-se o mesmo comportamento, de deformações elástica e plástica na fase linear, conforme os ensaios anteriores.

Figura 3.10 – Ensaio para o CP 8 para k = 0,4

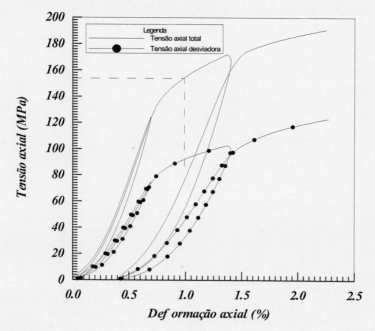

Fonte: o autor

3.2.3 Ensaios para a Envoltória de Ruptura

Para a definição da envoltória de ruptura, utilizam-se ensaios triaxiais convencionais. Nestes ensaios houve uma preocupação de determinação da relação tensão completa pré e pós-pico com o objetivo de, numa fase posterior de trabalho, usar os resultados para obtenção de um modelo completo tensão-deformação-colapso.

ENSAIOS EXPERIMENTAIS PARA DEFINIÇÃO DO MODELO DE CAP – COLAPSO DE POROS

O primeiro ensaio realizado foi com o CP 1. Utilizou-se uma pressão confinante de 20 MPa. A Figura 3.11 apresenta o gráfico da tensão *vs.* deformação do ensaio.

A tensão desviadora de ruptura foi de 114,7 MPa. Somados aos 20 MPa de pressão confinante (pois a pressão confinante atua em todas as direções, inclusive axial), tem-se uma tensão total axial de 134,7 MPa. Esse será o valor que será utilizado para a definição da envoltória de ruptura. Pela figura, observa-se que o ensaio, após o pico de tensão, tende para uma tensão desviadora de 90 MPa, ou seja, uma tensão total de 110 MPa. Essa seria a tensão do estado último. O ideal seria que o ensaio continuasse até uma deformação mais alta para que se confirmasse essa tendência com maior segurança. O CP teve um comportamento frágil, isto é, apresenta um valor máximo de resistência caindo logo a seguir. Esse comportamento é característico de amostras duras, que rompem abruptamente, mantendo a seguir uma resistência mais baixa. Normalmente todas as rochas apresentam esse comportamento para baixas pressões de confinamento. Por ser esse material muito fechado, tende a apresentar um comportamento frágil, mesmo para valores mais altos de pressão de confinamento. A curva de deformação volumétrica (para a esquerda aumenta) indica um comportamento dilatante, confirmando o comportamento frágil da amostra.

A Figura 3.12 mostra os resultados obtidos com o CP 4. Utilizou-se uma pressão confinante de 60 MPa. Essa pressão de confinamento é muito alta, sendo raros os ensaios realizados com essa magnitude para ensaios triaxiais. Utilizou-se essa pressão, no entanto, com o objetivo de se observar o comportamento da deformação da amostra, pois a trajetória de tensão iria atravessar a curva de fechamento.

Figura 3.11 – Ensaio triaxial para o CP 1 com pressão confinante de 20 MPa

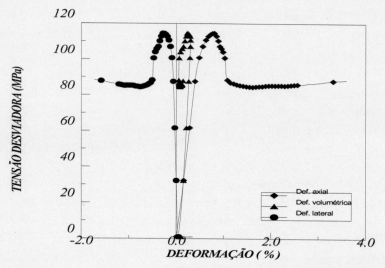

Fonte: o autor

Figura 3.12 – Ensaio triaxial para CP 4 com pressão confinante de 60 MPa

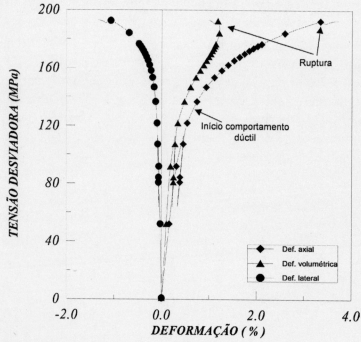

Fonte: o autor

O ensaio com o CP 4 apresentou um comportamento dúctil. No início do ensaio o comportamento da curva tensão *vs.* deformação foi linear. Entretanto, logo a seguir a curva começou a assumir um comportamento não linear, entrando em escoamento. Já no final do ensaio a curva apresentou um sinal de ruptura e a curva de deformação volumétrica, um comportamento dilatante. O escoamento da amostra era um indicativo de que a mesma havia ultrapassado a região da curva de fechamento da envoltória de ruptura. O processo de plastificação continuou até a amostra atingir a ruptura. Aparentemente a tensão permaneceu constante após a ruptura, entretanto esse trecho foi muito pequeno. O ensaio poderia ter prosseguido para uma melhor definição.

Para se obter a tensão de escoamento, o gráfico da Figura 3.12 não é muito adequado, devido a grande deformação axial, gerando um problema de escala na fase linear. Para facilitar o cálculo da tensão de escoamento, limitar-se-á o gráfico até deformação de 1% e será utilizada apenas a curva tensão desviadora *vs.* deformação axial. A partir do descarregamento e recarregamento do ensaio, pode-se obter a reta de deformação elástica. Transladando essa reta para a origem, verifica-se, mais uma vez, que a fase linear apresenta deformações plásticas e elásticas. A partir da tensão desviadora de 100 MPa, a taxa de afastamento da curva à reta aumenta. Neste ponto, portanto, inicia-se a fase de escoamento. A Figura 3.13 mostra o gráfico e o ponto de escoamento. Será desenvolvido um critério mais adequado para definição da tensão de escoamento, mas por enquanto essa definição visual é suficiente. A intenção é apenas verificar se este ponto pertence a curva de fechamento.

Para o ensaio triaxial do CP 9, utilizou-se uma pressão confinante de 5 MPa, a fim de melhorar os dados da envoltória para baixas tensões. A Figura 3.14 mostra os resultados obtidos. A amostra apresentou um comportamento frágil, como era esperado, tendo a tensão desviadora de ruptura de 52,6 MPa. A tensão desviadora do estado último ficou em 41,0 MPa.

Figura 3.13 – Definição do ponto de escoamento para o CP 4

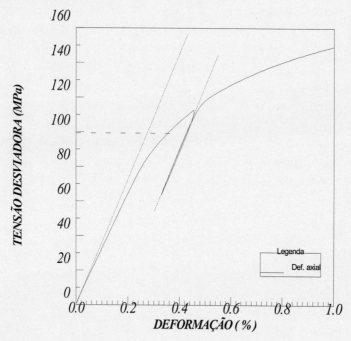

Fonte: o autor

Figura 3.14 – Ensaio triaxial para o CP 9 com pressão confinante de 5 MPa

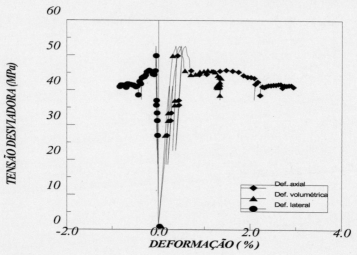

Fonte: o autor

3.3 RESULTADOS

Com todos os pontos de ruptura e escoamento dos ensaios definidos, finalmente se pôde construir o gráfico da Figura 3.15. Uma representação de tensões muito utilizada ocorre por meio das variáveis p vs. q, sugerida por Lambe (1979), onde:

$$p = (s'_v + s'_h)/2 \qquad (3.2)$$
$$q = (s'_v - s'_h)/2 \qquad (3.3)$$

Tendo s'_v e s'_h a mesma definição da equação 4.1. Esse gráfico tem sido largamente utilizado para o cálculo da envoltória de ruptura de Mohr-Coulomb.

Figura 3.15 – Envoltória de ruptura e curva de fechamento obtidas a partir dos ensaios realizados

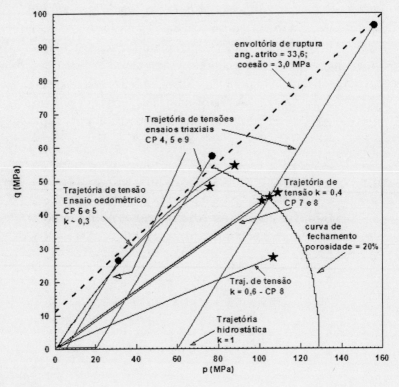

Fonte: o autor

As linhas cheias dos CP 5, 6, 7 e 8, na Figura 3.15, representam as trajetórias de tensões seguidas pelos ensaios que definiram a curva de fechamento. As estrelas indicam o ponto de escoamento de cada ensaio, os quais definem a curva de fechamento da envoltória. As trajetórias dos ensaios triaxiais e seus respectivos pontos de ruptura definem a envoltória de ruptura. No ensaio triaxial do CP 4, feito com 60 MPa de pressão confinante, há um ponto que define também a curva de fechamento, que seria o ponto equivalente à tensão de escoamento obtida de 100 MPa, em que a amostra inicia o escoamento no ensaio.

A curva de fechamento de envoltória (*cap*) obtida no gráfico foi ajustada visualmente a partir dos pontos de escoamento. O objetivo atual seria apenas de se verificar a metodologia de ensaios e a obtenção dos pontos da curva, sem a preocupação de se ajustar um modelo elastoplástico aos pontos. Mesmo nesse ajuste, pode-se verificar o porquê de não se ter atingido o colapso de poros a partir de ensaios hidrostáticos. A trajetória seguida pelo ensaio hidrostático é coincidente com o eixo p. Como a capacidade do equipamento é de 80 MPa, não atingia a curva de fechamento, que, de acordo com o ajuste feito, estaria por volta de 130 MPa. Isso ocorreu devido ao material ser muito fechado, apresentando uma alta resistência ao colapso de poros. Portanto, havia limitação do equipamento para se obter os pontos da curva de fechamento para trajetórias de tensões que apresentassem baixos valores de q, ou seja, onde a influência da tensão desviadora (tensão axial – alta capacidade do equipamento) é pequena ou nula como no caso hidrostático.

Os pontos da curva de fechamento da envoltória apresentaram um bom ajuste, conforme pode ser visto na Figura 3.15. Esses pontos seriam representativos da curva referente a porosidade de 20%, que era a média aproximada para os CP ensaiados. No próximo capítulo serão obtidas as curvas de fechamento para porosidades representativas da zona produtora do reservatório.

4

APLICAÇÃO DAS CURVAS DE FECHAMENTO PARA DEFINIÇÃO DE COLAPSO DE POROS

4.1 DEFININDO UM NOVO ESPAÇO

Segundo Atkinson & Bransby (1978), os parâmetros p e q, definidos no capítulo anterior, são importantes, pois, para um determinado estado de tensão, os seus valores são independentes da orientação dos eixos coordenados utilizados. O estado bidimensional das tensões efetivas de um elemento é descrito por um único círculo de tensões efetivas, sendo estes parâmetros representativos do topo desse círculo. Por não dependerem da escolha dos eixos, eles são apropriados para medição em estados de tensão bidimensional.

As magnitudes do estado de tensão, que não dependem da escolha dos eixos coordenados, são conhecidas como invariantes do estado de tensão. São invariantes no sentido de que as magnitudes dos seus valores não mudam com as variações das direções dos eixos coordenados. Devemos notar, entretanto, que o termo invariantes de tensão é estritamente reservado para parâmetros apropriados para o estado geral de tensões, logo os parâmetros p e q, definidos no capítulo anterior, não são inteiramente satisfatórios como medidas completas de um estado bidimensional de tensão, uma vez que o valor da tensão principal intermediária foi ignorado, conforme pode ser visto nas equações 3.2 e 3.3.

4.1.1 Invariantes do Estado de Tensão

Villaça & Taborda (1996) apresentam que, a partir do conceito de tensão e das tensões atuante num plano qualquer, conforme mostrado na Figura 4.1, chega-se aos coeficientes I_1, I_2 e I_3, que são denominados de invariantes do estado de tensão (porque são grandezas associadas ao estado tensional que independem do referencial adotado) e são dados por:

Figura 4.1 – Tensões atuantes num plano qualquer

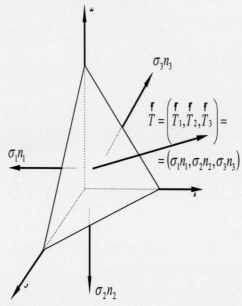

Fonte: Villaça & Taborda (1996)

$$I_1 = \sigma_x + \sigma_y + \sigma_z$$

$$I_2 = \begin{vmatrix} \sigma_x & \tau_{xy} \\ \tau_{xy} & \sigma_y \end{vmatrix} + \begin{vmatrix} \sigma_x & \tau_{xz} \\ \tau_{xz} & \sigma_z \end{vmatrix} + \begin{vmatrix} \sigma_y & \tau_{yz} \\ \tau_{yz} & \sigma_z \end{vmatrix} \quad (4.1)$$

$$I_3 = \begin{vmatrix} \sigma_x & \tau_{xy} & \tau_{xz} \\ \tau_{xy} & \sigma_y & \tau_{yz} \\ \tau_{xz} & \tau_{yz} & \sigma_z \end{vmatrix}$$

Em particular, pode-se referi-los a eixos coincidentes com as direções principais e, neste caso, suas expressões; em termos de tensões efetivas, se tornam:

$$I_1 = \sigma'_1 + \sigma'_2 + \sigma'_3$$
$$I_2 = \sigma'_1 \sigma'_2 + \sigma'_1 \sigma'_3 + \sigma'_2 \sigma'_3 \quad (4.2)$$
$$I_3 = \sigma'_1 \sigma'_2 \sigma'_3$$

4.1.2 Tensão Octaédrica

Chen & Han (1987) apresentam o desenvolvimento da tensão octaédrica. Um plano octaédrico é aquele cuja normal forma ângulos idênticos com os eixos principais de tensão. Dessa maneira, os planos com normal $n = (n_1, n_2, n_3) = 1/(\pm 1, \pm 1, \pm 1)\sqrt{3}$ no sistema de coordenadas principais são chamados planos octaédricos. Como pode ser visto na Figura 4.2, existem oito planos octaédricos.

Figura 4.2 – Planos octaédricos em um sistema de coordenadas principais

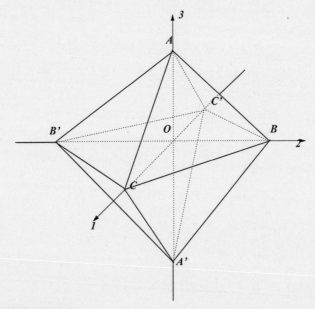

Fonte: Chen & Han (1987)

Do mesmo modo como foi desenvolvido para um plano genérico, chegando-se aos invariantes do estado de tensão, tem-se que a tensão normal e cisalhante, em termos de tensões principais, nas faces do octaedro da Figura 4.2 são:

$$\sigma'_{oct} = \frac{1}{3}\left(\sigma'_1 + \sigma'_2 + \sigma'_3\right) = \frac{1}{3} I_1 \qquad (4.3)$$

$$\tau'_{oct} = \frac{1}{3}\left[\left(\sigma'_1 - \sigma'_2\right)^2 + \left(\sigma'_2 - \sigma'_3\right)^2 + \left(\sigma'_3 - \sigma'_1\right)^2\right]^{1/2} \qquad (4.4)$$

Se expressas em termos de tensão vinculada a um sistema de eixos qualquer, as tensões normal e cisalhante octaédrica assumem a seguinte forma:

$$\sigma'_{oct} = \frac{1}{3}\left(\sigma'_x + \sigma'_y + \sigma'_z\right) = \frac{1}{3}I_1 \quad (4.5)$$

$$\tau'^2_{oct} = \frac{1}{3}\left[\begin{array}{c}\left(\sigma'_x - \sigma'_y\right)^2 + \left(\sigma'_y - \sigma'_z\right)^2 + \\ +\left(\sigma'_z - \sigma'_x\right)^2 + 6(\tau'^2_{xy} + \tau'^2_{yz} + \tau'^2_{xz})\end{array}\right] \quad (4.6)$$

4.1.3 Definindo Novos Parâmetros p e q

Uma vez apresentados os invariantes de tensão, pode-se agora definir novos parâmetros que levem também em consideração as tensões intermediárias, conforme apresentado por Atkinson & Bransby (1978).

O significado dos parâmetros t_{oct} e s_{oct} é ilustrado na Figura 4.3.

Figura 4.3 – Representação do estado de tensão octaédrico

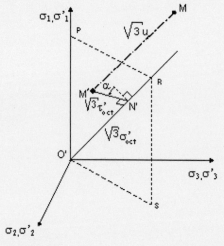

Fonte: Atkinson & Bransby (1978)

O estado de tensão efetiva no ponto M' pode ser descrito pela distância O'N' ao longo do espaço diagonal O'R e pela distância N'M' normal à O'R; o vetor **O'N'** é igual a $\sqrt{(3)}s'_{oct}$, e o vetor **N'M'** é igual $\sqrt{(3)}t'_{oct}$. Para descrever a completa localização de M', é necessário um terceiro invariante; podendo convenientemente tomar a forma de um ângulo α que mede a rotação do

ENSAIOS EXPERIMENTAIS PARA DEFINIÇÃO DO MODELO DE CAP – COLAPSO DE POROS

vetor **N'M'** pertencente ao plano OPRS. O estado de tensão total no ponto M é equivalente para o estado de tensão M' mais a pressão de poros u. O vetor **M'M** tem a magnitude de $\sqrt{3}u$ e é paralelo ao espaço diagonal.

Para o caso especial onde $s'_2 = s'_3$, pontos tais como M' e M plotados no plano OPRS com a = 0, temos:

$$\sigma'_{oct} = \frac{1}{3}\left(\sigma'_1 + 2\sigma'_3\right) \tag{4.7}$$

$$\tau'_{oct} = \frac{\sqrt{2}}{3}\left(\sigma'_1 - \sigma'_3\right) \tag{4.8}$$

Para evitar utilizar a fração $\frac{\sqrt{2}}{3}$, será definido um novo invariante p' e q' quando $s'_2 = s'_3$,

$$p' = \frac{1}{3}\left(\sigma'_1 + 2\sigma'_3\right) = \sigma'_{oct} \tag{4.9}$$

$$q' = \left(\sigma'_1 - \sigma'_3\right) = \frac{\sqrt{3}}{2}\tau'_{oct} \tag{4.10}$$

Para o estado de tensão geral em três dimensões, os invariantes p' e q' se tornam:

$$p' = \frac{1}{3}\left(\sigma'_1 + \sigma'_2 + \sigma'_3\right) \tag{4.11}$$

$$q' = \frac{1}{\sqrt{2}}\left[\left(\sigma'_1 - \sigma'_2\right)^2 + \left(\sigma'_2 - \sigma'_3\right)^2 + \left(\sigma'_3 - \sigma'_1\right)^2\right]^{\frac{1}{2}} \tag{4.12}$$

e o terceiro invariante a será diferente de zero. Os parâmetros correspondentes às tensões totais são escritos da seguinte forma:

$$p = \frac{1}{3}\left(\sigma_1 + \sigma_2 + \sigma_3\right) \tag{4.13}$$

$$q = \frac{1}{\sqrt{2}}\left[\left(\sigma_1 - \sigma_2\right)^2 + \left(\sigma_2 - \sigma_3\right)^2 + \left(\sigma_3 - \sigma_1\right)^2\right]^{\frac{1}{2}} \tag{4.14}$$

Um simples cálculo mostra que os invariantes de tensão total e efetivo são relacionados por:

$$p' = p - \alpha u \tag{4.15}$$

$$q' = q \tag{4.16}$$

Considerando-se o coeficiente de Biot a = 1, na equação 4.15.

4.1.4 Invariantes de Deformação

A definição do estado de deformação será seguida conforme apresentado por Atkinson & Bransby (1978). Pode-se trabalhar com invariantes de deformação, e usá-los para traçar gráficos com trajetórias de deformação, mas deve-se tomar cuidado para se selecionar invariantes de deformação que correspondam aos escolhidos para o estado de tensão.

A correta escolha dos invariantes de deformação pode ser encontrada notando que, à medida que um elemento se deforma sob um carregamento, o trabalho feito pelo carregamento externo é um invariante, ou seja, a magnitude do trabalho é independente da escolha arbitrária dos eixos de referência. Quando os correspondentes invariantes de tensão e deformação são multiplicados, o produto tem de ser igual ao trabalho realizado pelo carregamento externo. Neste trabalho serão simplesmente escolhidos os invariantes de deformação para se traçarem as trajetórias de deformações, sendo que a verificação da compatibilidade entre o estado de tensão e deformação é apresentada também por Atkinson & Bransby (1978).

O estado geral de deformação em um elemento é completamente definido por três deformações diretas (e_x, e_y, e_z) e por três deformações de cisalhamento (e_{xy}, e_{yz}, e_{zx}), e se requer uma combinação destes que sejam invariantes. Sem nenhuma demonstração, será simplesmente assumido que a deformação normal octaédrica e_{oct} e a deformação de cisalhamento octaédrica g_{oct} são invariantes, onde:

$$\varepsilon_{oct} = \frac{1}{3}\left(\varepsilon_x + \varepsilon_y + \varepsilon_z\right) \tag{4.17}$$

$$\gamma_{oct}^2 = \frac{4}{9}\left[\begin{array}{l} \left(\varepsilon_x - \varepsilon_y\right)^2 + \left(\varepsilon_y - \varepsilon_z\right)^2 + \\ + \left(\varepsilon_z - \varepsilon_x\right)^2 + \frac{3}{2}\left(\varepsilon_{xy}^2 + \varepsilon_{yz}^2 + \varepsilon_{zx}^2\right) \end{array} \right] \tag{4.18}$$

Há uma óbvia similaridade entre as tensões octaédricas definidas pelas equações 4.5 e 4.6 e as deformações octaédricas. A rigor, deveria ser definido um terceiro invariante correspondente para a da Figura 4.3, mas como estamos lidando com trajetórias de deformações no plano de deformação axissimétrico, a=0.

Se os eixos sofrem uma rotação de tal forma que as faces do elemento são planos principais, as equações 4.17 e 4.18 se tornam:

ENSAIOS EXPERIMENTAIS PARA DEFINIÇÃO DO MODELO DE CAP – COLAPSO DE POROS

$$\varepsilon_{oct} = \frac{1}{3}\left(\varepsilon_1 + \varepsilon_2 + \varepsilon_3\right) \qquad (4.19)$$

$$\gamma_{oct} = \frac{2}{3}\left[\left(\varepsilon_1 - \varepsilon_2\right)^2 + \left(\varepsilon_2 - \varepsilon_3\right)^2 + \left(\varepsilon_3 - \varepsilon_1\right)^2\right]^{\frac{1}{2}} \qquad (4.20)$$

Agora, deve-se procurar invariantes de deformação que correspondam aos invariantes de tensão p' e q, de forma que satisfaçam a condição de trabalho referido anteriormente. Esses invariantes serão denominados de e_s, para deformação desviadora, e e_v, para deformação volumétrica, definindo-as como:

$$\varepsilon_v = 3\varepsilon_{oct} \qquad (4.21)$$

$$\varepsilon_s = \frac{1}{\sqrt{2}}\,\gamma_{oct} \qquad (4.22)$$

assim:

$$\varepsilon_v = \left(\varepsilon_x + \varepsilon_y + \varepsilon_z\right) \qquad (4.23)$$

$$\varepsilon_s^2 = \frac{2}{9}\left[\begin{array}{c}\left(\varepsilon_x - \varepsilon_y\right)^2 + \left(\varepsilon_y - \varepsilon_z\right)^2 + \\ +\left(\varepsilon_z - \varepsilon_x\right)^2 + \frac{3}{2}\left(\varepsilon_{xy}^2 + \varepsilon_{yz}^2 + \varepsilon_{zx}^2\right)\end{array}\right] \qquad (4.24)$$

Em termos de deformações principais, temos:

$$\varepsilon_v = \left(\varepsilon_1 + \varepsilon_2 + \varepsilon_3\right) \qquad (4.25)$$

$$\varepsilon_s = \frac{\sqrt{2}}{3}\left[\left(\varepsilon_1 - \varepsilon_2\right)^2 + \left(\varepsilon_2 - \varepsilon_3\right)^2 + \left(\varepsilon_3 - \varepsilon_1\right)^2\right]^{\frac{1}{2}} \qquad (4.26)$$

Os invariantes e_s e e_v podem ser usados como eixos para se traçarem trajetórias de deformações tridimensionais, podendo ser *plotadas* com os eixos p' e q. No caso especial onde $e_2 = e_3$, os invariantes de deformação se tornam:

$$\varepsilon_v = \left(\varepsilon_1 + 2\varepsilon_3\right) \qquad (4.27)$$

$$\varepsilon_s = \frac{2}{3}\left(\varepsilon_1 - \varepsilon_3\right) \qquad (4.28)$$

4.2 DEFININDO DEFORMAÇÕES ELÁSTICAS E PLÁSTICAS

A teoria da elasticidade tem sido amplamente utilizada, sendo o cálculo dos parâmetros elásticos, módulo de Young e coeficiente de Poisson, uma rotina constante. São utilizados procedimentos recomendados pela I.S.R.M. (1988), para o cálculo de tais parâmetros, e na literatura é comum considerar-se o trecho inicial linear como puramente elástico, conforme pode ser visto na Figura 1.3.

Entretanto, conforme foi visto no capítulo anterior, verificou-se que na fase linear ocorrem também deformações plásticas, e que elas se tornam mais acentuadas para materiais mais dúcteis e não consolidados.

Para melhor avaliar esse comportamento, foram realizados ensaios em um arenito com baixo grau de consolidação, não apresentando material cimentante entre os grãos, sendo necessário manter o material congelado desde a sua retirada do poço, para não perder as características mecânicas originais da formação, de acordo com o trabalho de Coelho & Rodrigues (1992) e Sá & Soares (1997).

4.2.1 Procedimento de Ensaio

Para o cálculo dos parâmetros elásticos, a I.S.R.M. (1988) recomenda que se trace uma tangente a 50% da tensão de ruptura, sendo o coeficiente angular o módulo de Young ou elasticidade. O coeficiente de Poisson (n) é dado pela razão entre as deformações lateral e axial, conforme mostra a equação 4.29.

$$v = -\frac{\varepsilon_L}{\varepsilon_A} \qquad (4.29)$$

Esses parâmetros são obtidos diretamente da curva tensão *vs.* deformação de ensaios triaxiais convencionais.

Os parâmetros elásticos também podem ser obtidos por medições de velocidade de ondas acústicas. O equipamento geomecânico estava equipado, de modo que se poderia efetuar ensaios simultâneos, para a obtenção de parâmetros elásticos estáticos, obtidos a partir da curva tensão *vs.* deformação, e dinâmicos, obtidos a partir da medição de velocidades de ondas. No método dinâmico, considera-se a rocha um meio homogêneo e isotrópico, os parâmetros elásticos são obtidos em função das velocidades acústicas de propagação longitudinal (P) e transversal (S), segundo as equações da Teoria da Elasticidade Geral para meios isotrópicos e homogêneos, conforme apresentado por Love (1944).

$$E_d = 2\rho v_s^2 \left(1 + v_d\right) \tag{4.30}$$

$$v_d = \frac{0,5 \left(\dfrac{v_p}{v_s}\right)^2 - 1}{\left(\dfrac{v_p}{v_s}\right)^2 - 1} \tag{4.31}$$

Onde:

E_d = Módulo de elasticidade dinâmico;

v_p = Velocidade de onda P;

v_s = Velocidade de onda S;

v_d = Coeficiente de Poisson dinâmico; e

ρ = densidade.

Dillon & Soares (1995) realizaram ensaios simultâneos, a fim de formar um banco de dados de parâmetros elásticos dinâmicos e estáticos, e concluíram que os resultados divergiam para litologias menos consolidadas e tendiam a se aproximar quanto maior fosse o módulo de elasticidade do material, ou seja, quanto mais consolidado fosse o material. O módulo de elasticidade dinâmico tendia a ser maior que o módulo de elasticidade estático. Os parâmetros elásticos estáticos foram sempre calculados no carregamento, conforme sugere a própria I.S.R.M. (1988).

Para verificar os níveis de deformações elásticas e plásticas, seria necessário realizar ensaios com carregamento e descarregamento. Esse procedimento não havia sido utilizado antes para o cálculo dos parâmetros elásticos. Ao se introduzir esse procedimento, conforme consta no capítulo anterior, verificou-se a existência de deformações plásticas, na fase linear que se suponha elástica.

4.2.2 Ensaios Realizados

Ao se realizarem ensaios com um arenito friável, decidiu-se realizar ensaios com carregamento e descarregamento, com medições simultâneas de velocidade de ondas P e S para a obtenção dos parâmetros elásticos. Esse material apresentou um comportamento bastante dúctil, sem um pico de ruptura definido, com comportamento plástico. A Tabela 4.1 e a Tabela 4.2 apresentam os resultados obtidos para os parâmetros elásticos e dinâmicos e as Figuras 4.4 a 4.9 apresentam os resultados dos ensaios. Conforme pode ser observado nessas figuras, adotou-se o módulo de elasticidade tangente à curva tensão *vs.* deformação no carregamento.

Tabela 4.1 – Resultados obtidos para os módulos de elasticidade estáticos e dinâmicos

CP	P. Conf. (MPa)	E_d (GPa) Carregamento/ Descarregamento		$E_{estático}$ (GPa) Carregamento/ Descarregamento	
8	5,0	4,26	4,28	0,41	3,71
11	10,0	10,66	11,02	0,79	9,27
10	15,0	8,43	8,97	1,12	6,36
7	15,0	3,71	3,78	0,89	8,29
9	20,0	8,93	9,19	1,44	10,71
5	25,0	15,49	16,78	0,61	7,34

Fonte: o autor

Tabela 4.2 – Resultados obtidos para os Coeficientes de Poisson estáticos e dinâmicos

CP	P. Conf. (MPa)	n_d (GPa) Carregamento/ Descarregamento		$n_{estático}$ (GPa) Carregamento/ Descarregamento	
8	5,0	0,42	0,42	0,46	0,50
11	10,0	0,33	0,34	0,42	0,48
10	15,0	0,38	0,39	0,24	0,31
7	15,0	0,46	0,46	0,21	0,50
9	20,0	0,38	0,39	0,20	0,45
5	25,0	0,02	0,04	0,01	0,50

Fonte: o autor

Figura 4.4 – Ensaio com o CP 8 – tensão confinante de 5 MPa

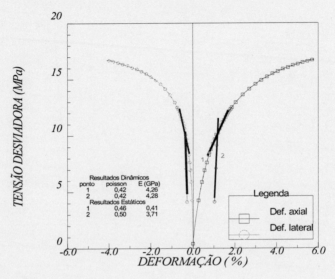

Fonte: o autor

Figura 4.5 – Ensaio com o CP 11 – tensão confinante de 10 MPa

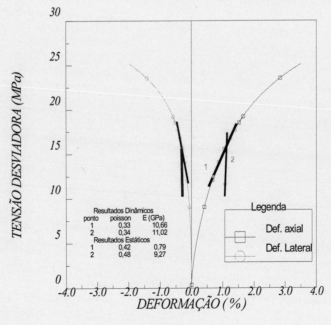

Fonte: o autor

Figura 4.6 – Ensaio com o CP 10 – tensão confiante de 15 MPa

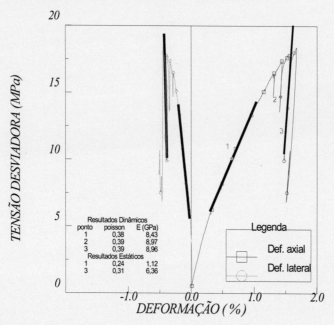

Fonte: o autor

Figura 4.7 – Ensaio com o CP 7 - tensão confinante de 15 MPa

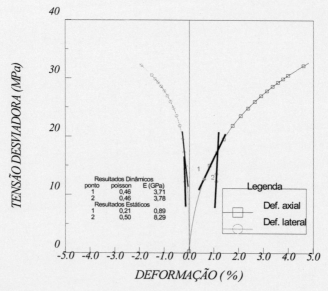

Fonte: o autor

Figura 4.8 – Ensaio com o CP 9 – tensão confinante de 20 MPa

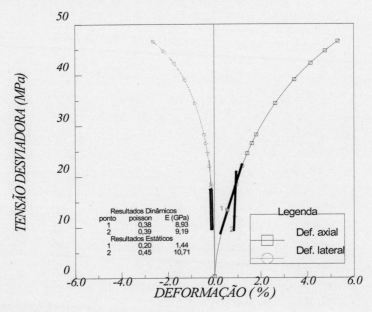

Fonte: o autor

Figura 4.9 – Ensaio com o CP 5 – tensão confinante de 25 MPa

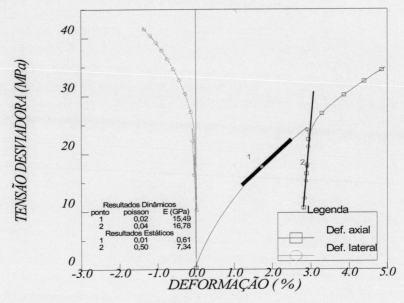

Fonte: o autor

Os resultados dos ensaios demonstram que o material apresenta um comportamento bastante dúctil com deformações acentuadas e sem apresentar um pico de ruptura bem definido. Os ensaios foram feitos com carregamento e descarregamento, a fim de se comparar os parâmetros elásticos calculados em cada etapa.

Numa primeira análise, os parâmetros elásticos dinâmicos pouco se alteram se calculados no carregamento ou descarregamento, o que não acontece com os parâmetros elásticos estáticos, onde ocorrem alterações substanciais. O módulo de elasticidade estático no descarregamento é, em média, 10 vezes maior que o módulo estático no carregamento. Entretanto, o módulo elástico estático no descarregamento está na mesma ordem de grandeza do que o módulo elástico dinâmico. Assim como Dillon & Soares (1995), foi encontrada uma divergência muito grande entre os parâmetros elásticos dinâmicos e parâmetros elásticos estáticos, no carregamento, para rochas não consolidadas. Ao se medirem os parâmetros elásticos estáticos, no carregamento, está se medindo, na realidade, um parâmetro de deformabilidade, que inclui tanto deformações plásticas quanto elásticas. Quanto mais friável ou dúctil for a rocha, mais o valor elástico estático medido irá se afastando do valor elástico dinâmico, devido ao componente plástico ser bastante acentuado. Por isso, quando foram realizados ensaios em rochas bem consolidadas e com alto valor de módulo de elasticidade estático, os módulos estáticos e dinâmicos tendiam à igualdade, pois essas rochas possuem um comportamento elástico acentuado, com baixos valores de deformações plásticas no trecho linear. Logo o módulo de elasticidade dinâmico representa melhor o comportamento elástico do material. A melhor maneira de se medir estaticamente esse comportamento é através do carregamento e descarregamento, evitando assim a componente plástica da rocha, sempre presente, tendo sua magnitude dependente do grau de consolidação e coesão.

Para os valores de Coeficiente de Poisson, houve certa dispersão nos resultados, sendo que o CP 5 apresentou valores muito baixos na medição dinâmica e no carregamento estático e o valor máximo no descarregamento estático. Não levando em consideração esse ensaio, a média simples dos coeficientes de Poisson dinâmicos ficou em 0,40, enquanto a média dos coeficientes de Poisson estáticos no descarregamento ficou em 0,45. No carregamento essa média ficou em 0,30. Para esse tipo de material ensaiado, o Poisson dinâmico e o estático no descarregamento apresentaram valores mais próximos do que o estático no carregamento, indicando mais uma vez que os parâmetros elásticos dinâmicos e estáticos no descarregamento são os que melhor representam o comportamento elástico do material, principalmente quando se trata de formações friáveis e mal consolidadas.

4.3 DEFININDO A TENSÃO DE COLAPSO DE POROS

Os ensaios demonstraram que a deformação total (de) medida apresenta uma parcela de deformação elástica (de^e) e outra de deformação plástica (de^p). Esse comportamento elastoplástico pode ser descrito genericamente pela equação 4.32:

$$d\varepsilon = d\varepsilon^e + d\varepsilon^p \qquad (4.32),$$

sendo que a deformação elástica é definida a partir do carregamento e descarregamento do ensaio. Definida a deformação elástica e tendo medido a deformação total, a partir da equação 4.32 se obtém a deformação plástica.

Isolada a componente plástica, pode-se então introduzir o conceito de trabalho plástico por unidade de volume (W_p) conforme apresentado por Chen & Mizuno (1990):

$$W_p = \int \sigma d\varepsilon^p \qquad (4.33)$$

O conceito de trabalho é normalmente usado na teoria da plasticidade, como, por exemplo, na elaboração do modelo de endurecimento elastoplástico proposto por Lade *et al.*, de 1973 a 1988. Nesse modelo o conceito de trabalho é utilizado para obtenção de parâmetros que irão definir uma curva de fechamento de escoamento. No presente trabalho, esse conceito será usado de forma semelhante, para definir a tensão de colapso de poros nos ensaios, que, em último caso, irá definir os pontos da curva de fechamento da envoltória de ruptura.

Conforme visto, a fase linear do ensaio apresenta uma taxa de deformação plástica. Após a ocorrência da tensão de colapso de poros, essa taxa apresenta um incremento considerável. Presume-se então que o trabalho plástico realizado devido ao carregamento externo deve apresentar patamares de valores distintos antes e depois da tensão de colapso de poros. O ponto de interseção entre esses dois patamares irá definir, então, a tensão de colapso de poros.

Para a obtenção do trabalho plástico, definido conforme a equação 4.33, basta obter a área sob a curva tensão *vs.* deformação plástica. No caso, será utilizada a tensão média octaédrica ou parâmetro p' conforme definido na equação 4.9.

4.4 CURVAS DE FECHAMENTO PARA O CAMPO C

Para a realização dos ensaios para a obtenção das curvas de fechamento, teve-se que recorrer ao campo B da Bacia de Campos, uma vez que a testemunhagem realizada para o campo de C recuperou amostras de uma fácies não produtiva do reservatório, com baixa porosidade, para o campo, e com muito baixa permeabilidade. Foram selecionados CP do poço 2 do campo B, utilizados para ensaios de petrografia, que mais se aproximavam às características da zona produtora do campo de C. A utilização desse material teve como grande vantagem o conhecimento, com bastante precisão, da permeabilidade e porosidade, obtidos nos ensaios petrográficos. A quantidade limitada de amostras e as dimensões preestabelecidas serão limitações importantes para este trabalho. A Tabela 4.3 apresenta as características dos CP a serem ensaiados. As amostras não possuem a altura com o dobro do diâmetro da amostra, conforme sugerido pelo I.S.R.M. (1988).

Tabela 4.3 – Características das amostras ensaiadas

CP	Profundidade (m)	Diâmetro (mm)	Altura (mm)	Permeabilidade (md)	Porosidade (%)
A9011V	2 461,85	36,96	47,78	2,8	31,3
A9020V	2 464,95	37,48	50,05	3,9	31,1
A9102V	2 486,75	37,50	49,06	0,6	30,2
A9120V	2 497,70	37,52	50,08	6,5	31,4
A9129V	2 500,55	36,70	48,30	2,8	31,9
A9135V	2 502,40	37,18	49,55	0,9	23,2
A9138V	2 503,30	37,20	49,10	0,2	24,0
A9144V	2 505,45	37,25	49,00	3,5	28,9
A9147V	2 506,45	37,40	48,75	2,5	27,6
A9159V	2 510,75	37,52	40,30	1,9	25,1
A9162V	2 511,85	37,53	49,40	3,7	30,2
A9177V	2 517,40	37,10	49,40	2,2	31,1
A9285V	2 555,50	37,38	49,55	1,3	26,1
A9321V	2 570,10	37,39	47,35	1,0	23,4

Fonte: o autor

4.4.1 Ensaios Realizados

A partir das definições vistas no início do capítulo, pode-se agora, de forma definitiva, obter as curvas de fechamento.

Obtendo-se, a partir do carregamento e descarregamento, as deformações elásticas e consequentemente as deformações plásticas, conforme obtido na Figura 3.6, pôde-se construir um gráfico p *vs.* deformação volumétrica plástica. A área abaixo da curva obtida é o trabalho plástico por unidade de volume realizado no ensaio, dado pela Equação 4.33.

Utilizando Lade de forma análoga à utilizada por Melo (1995), foi construído um gráfico de trabalho plástico realizado no ensaio (W_p) *vs.* o primeiro invariante do estado de tensão (I_1). A fim de tornar esses parâmetros adimensionais, ambos foram divididos pela pressão atmosférica (P_a). Nesse gráfico foi possível definir o ponto onde ocorria o incremento da taxa de trabalho plástico no ensaio. Esse ponto foi adotado como início da região de colapso de poros, definindo-o como pertencente à curva de fechamento de envoltória de ruptura, onde ocorre a tensão de colapso de poros.

Assim, foi obtida uma metodologia para definição de tensão de colapso de poros para qualquer trajetória de tensão, inclusive para ensaios triaxiais, quando esses atravessam a região da curva de fechamento.

Para a obtenção da curva de fechamento, foram agrupadas amostras por porosidades, uma vez que a tensão de início de colapso é função da porosidade. Foram definidas trajetórias cuja relação entre a tensão horizontal e vertical (k) estivesse entre 1, para ensaios hidrostáticos, e 0,3 aproximadamente, para ensaios de deformação uniaxial ou oedométrico. A escolha das trajetórias a serem utilizadas nos ensaios foi definida de acordo com o número de amostras por porosidade.

As medições de permeabilidade e velocidade de ondas não foram feitas em todos os ensaios devido à não disponibilidade, por motivos diversos, de equipamentos necessários às suas execuções.

4.4.1.1 Pontos para a Curva de Fechamento para a Porosidade de 31%

Para a realização desses ensaios, estavam disponíveis sete amostras com porosidade média em torno de 31%. A Tabela 4.4 mostra um resumo dos ensaios para essa porosidade. Primeiramente será feita uma descrição dos ensaios e apresentação das curvas obtidas e logo a seguir um resumo dos resultados e a curva de fechamento obtida.

Tabela 4.4 - Ensaios para a porosidade de 31%

CP	Porosidade (%)	K (s_3/s_1)	Figuras relativas ao ensaio	Observações
A9011V	31,3	1,0	Figura 4.10 à Figura 4.15	s/ permeabilidade e s/ v_p e v_s
A9020V	31,1	0,3	Figura 4.16 à Figura 4.20	c/ permeabilidade e c/ v_p e v_s
A9102V	30,2	0,9	Figura 4.21 à Figura 4.25	s/ permeabilidade e c/ v_p e v_s
A9120V	31,4	0,7	Figura 4.26 à Figura 4.30	s/ permeabilidade e c/ v_p e v_s
A9129V	31,9	0,4	Figura 4.31 à Figura 4.35	c/ permeabilidade e c/ v_p e v_s
A9162V	30,2	0,8	Figura 4.36 à Figura 4.40	s/ permeabilidade e c/ v_p e v_s
A9177V	31,1	0,6	Figura 4.41 à Figura 4.45	c/ permeabilidade e c/ v_p e v_s

Fonte: o autor

4.4.1.1.1 Ensaio com a Amostra A9011V

Para o ensaio com amostra A9011V, não foram feitas medições de ondas P e S e de permeabilidade. Esse ensaio foi realizado em condições hidrostáticas, sendo feitos dois descarregamentos, um na fase linear e outro logo após o término da fase linear. Verificou-se que a linha média entre esses descarregamentos é paralela. A Figura 4.10 mostra o gráfico p *vs.* deformação volumétrica. Nela, observa-se que a amostra possui um comportamento elastoplástico, com deformações plásticas e elásticas no trecho linear. Esse comportamento foi verificado em todos os ensaios realizados. Como os trechos entre o carregamento e o descarregamento não são coincidentes, tomando a forma de um laço, para representar o comportamento elástico da amostra, utilizou-se uma linha média entre o trecho de descarregamento e carregamento. As linhas médias foram traçadas nos trechos iniciais dos descarregamentos, a fim de se evitar o efeito de relaxamento da amostra devido ao alívio de tensão.

O prolongamento do trecho linear do ensaio visa eliminar o efeito de fechamento de fissuras, que normalmente caracteriza o início dos ensaios, adotando-se assim uma nova origem para o ensaio.

Figura 4.10 – Ensaio da amostra A9011V – p *vs.* deformação volumétrica

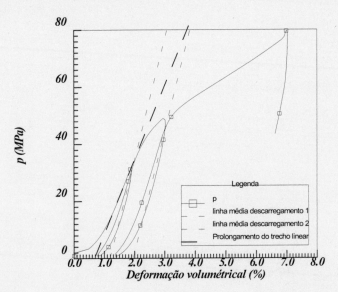

Fonte: o autor

Uma vez definida a linha média de descarregamento, tem-se as deformações volumétricas elásticas do ensaio. Subtraindo-as das deformações volumétricas totais, obtêm-se as deformações volumétricas plásticas do ensaio, conforme pode ser visto na Figura 4.11. A Figura 4.12 mostra o gráfico obtido das deformações volumétricas plásticas. A área sob o gráfico é o trabalho dado pela equação 4.33. Traçando-se o gráfico do trabalho *vs.* o primeiro invariante de tensões adimensionais (Figura 4. 13), observam-se dois trechos lineares com coeficientes angulares diferentes. O ponto de interseção dos prolongamentos lineares foi adotado como início de colapso de poros. Pode-se observar que o trecho inicial apresenta um coeficiente angular baixo, demostrando que o trabalho plástico na fase linear é pequeno. O valor (I_1/P_a) encontrado na interseção define a tensão média (p) que leva a formação ao colapso da estrutura do meio poroso.

A Figura 4.14 apresenta as deformações plásticas volumétricas e desviadoras obtidas para o ensaio, conforme as equações 4.17 a 4.28 e 4.32. A deformação desviadora (e_s) encontrada na tensão de colapso de poros foi zero. O valor nulo da deformação desviadora era esperado, uma vez que nesse ensaio não possui tensão desviadora. Entretanto, após a tensão de colapso, a deformação desviadora apresenta um valor negativo crescente, evidenciando o aparecimento de uma anisotropia. O comportamento das deformações após a tensão de colapso de poros será importante no estudo da expansão da curva de fechamento. Neste trabalho esse tema não será abordado.

Figura 4.11 – Obtenção das deformações plásticas e elásticas para amostra A9011V

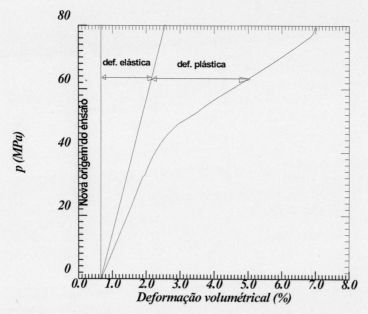

Fonte: o autor

Figura 4.12 – Deformações volumétricas plásticas obtidas para amostra A9011V

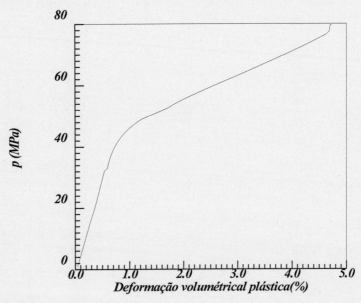

Fonte: o autor

Figura 4. 13 – Trabalho plástico *vs.* primeiro invariante adimensional para a amostra A9011V

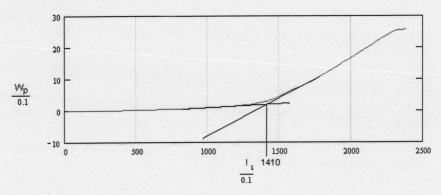

Fonte: o autor

Figura 4.14 – Deformações obtidas no ensaio da amostra A9011V

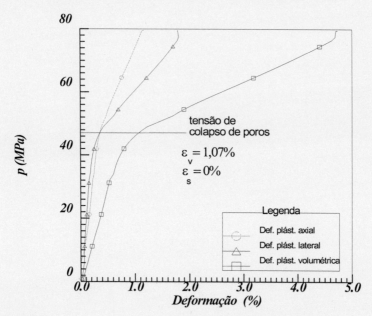

Fonte: o autor

Para essa mesma amostra, foi repetido o ensaio com a finalidade de se verificar o seu comportamento, após ter sido submetida a tensões acima da tensão de colapso. Verificou-se, conforme pode ser visto na Figura 4.15, que a parte inicial do ensaio, onde ocorre o fechamento de fissuras, ficou bem mais pronunciada do que no ensaio inicial. Tal fato deve ter ocorrido devido à amostra já ter ultrapassado a tensão de colapso de poros no ensaio anterior, o que pode ter provocado uma desestruturação, gerando um aumento do número de fissuras. A fase linear se tornou mais prolongada com uma nova e bem mais alta tensão de colapso, demostrando que houve um endurecimento da amostra, causado pela grande compressão a que foi submetida anteriormente, modificando o seu comportamento devido à redução do espaço poroso.

Figura 4.15 – Ensaio mostrando o endurecimento da amostra A9011V

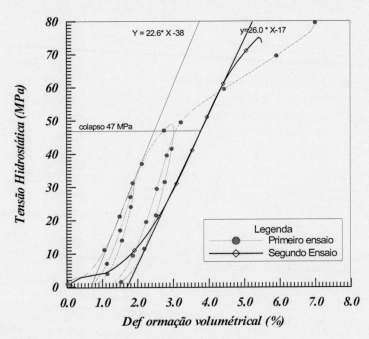

Fonte: o autor

4.4.1.1.2 Ensaio com a Amostra A9020V

Para a amostra A9020V, foram realizadas também medições de velocidade de ondas P e S e permeabilidade. O ensaio foi realizado em condições oedométricas, nas quais a deformação lateral é nula. A trajetória de tensões nesse tipo de ensaio é próxima daquela esperada que ocorrerá no reservatório. A relação k, no entanto, não é constante ao longo do ensaio. Na fase linear o seu valor esteve próximo de 0,3, aumentando no decorrer do ensaio. Na Figura 4.16, pode-se verificar que a amostra entra inicialmente em escoamento na faixa de 2% de deformação volumétrica, indicando o início do colapso da estrutura. À medida que o carregamento vai aumentando, ocorrem dois novos patamares de escoamento. Esses dois novos patamares correspondem a uma inversão na queda da permeabilidade, demonstrando a ocorrência de fissuras na rocha. Entretanto, esses patamares ocorrem a tensões muito altas, que provavelmente jamais serão alcançadas pelo reservatório nas condições *in situ*.

Na Figura 4.16, a curva q *vs.* deformação volumétrica, percebe-se nitidamente que o escoamento inicia-se muito antes da primeira ruptura generalizada da estrutura da amostra, onde ocorre a primeira inversão da queda da permeabilidade. Assim, para o cálculo da tensão de colapso, utilizou-se o gráfico considerando-se um máximo de 3% de deformação volumétrica, a fim de retirar o efeito de escala produzido pela grande deformação apresentada nesse ensaio, que chegou a 11%. A Figura 4.17 apresenta as deformações volumétricas plásticas obtidas, adotando o procedimento utilizado na amostra anterior, que foi padronizado para demais amostras.

A Figura 4.18 mostra o gráfico do trabalho plástico realizado *vs.* primeiro invariante adimensional. Figura 4.19 mostra a curva das deformações plásticas obtidas. No caso do ensaio oedométrico, a deformação lateral é nula, sendo, portanto, a deformação axial e volumétrica plástica iguais.

Figura 4.16 – Ensaio da amostra A9020V - p e q *vs.* deformação volumétrica

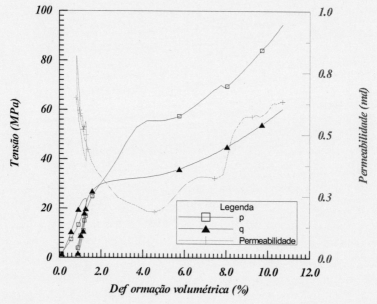

Fonte: o autor

Figura 4.17 – Deformação volumétrica plástica obtida para a amostra A9020V

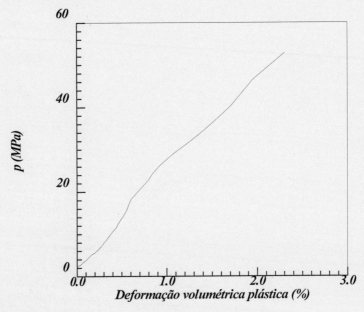

Fonte: o autor

Figura 4.18 – Trabalho plástico *vs*. primeiro invariante adimensional para amostra A9020V

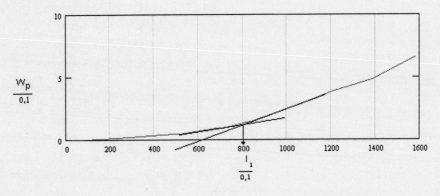

Fonte: o autor

Figura 4.19 – Deformações volumétricas obtidas no ensaio para a amostra A9020V

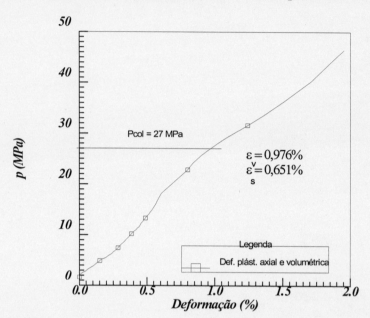

Fonte: o autor

Nesse ensaio também foram realizadas medições simultâneas de velocidade ondas P e S. Scott Jr. (1998) mostra que a velocidade acústica tende a diminuir, quando se entra na região de colapso da estrutura, devido à quebra da cimentação entre os grãos, esmagamento individual dos grãos e perda da coesão do contato entre os grãos. Nos experimentos realizados anteriormente, com medições de ondas P e S, não foram feitas correções das alturas dos CP, para o cálculo das velocidades de ondas, que sofreram grandes variações ao longo dos ensaios. Ao se fazerem as correções das alturas, os patamares de redução de velocidade de ondas ficaram mais nítidos, realmente se constatando que há uma tendência de diminuição do gradiente de velocidade de ondas na região de colapso de poros, devido à desestruturação da amostra. Quando a rocha entra em novo equilíbrio, saindo da região de colapso, o gradiente de velocidade de ondas volta a aumentar novamente. Nos ensaios com trajetórias de tensões com valores de k próximos a 1, isto é, mais próximo da trajetória hidrostática, a queda de velocidade ficou bem caracterizada, principalmente pela onda S (cisalhamento), mas também pela onda P (compressão). Nos ensaios com menores valores de k, como o ensaio oedométrico, pode-se observar um patamar, com a velocidade ficando constante. Segundo os resultados apresentados por Scott Jr. (1998), há um estreitamento da região de colapso à medida que se afasta do eixo que corresponde às trajetórias hidrostáticas.

A Figura 4.20 mostra os resultados obtidos para a medição de velocidade de ondas P e S para a amostra A9020V.

Figura 4.20 – Velocidades de ondas P (v_p) e S (v_s) ao longo do ensaio para a amostra A9020V

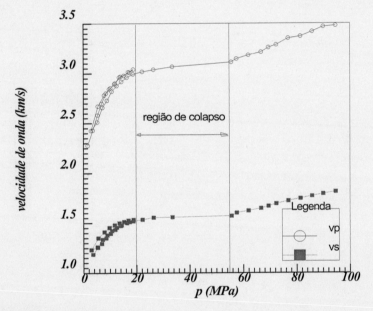

Fonte: o autor

A região de colapso de poros foi adotada, com base na referência 11, entre os valores de 20 a 55 MPa de tensão média efetiva, onde pode ser observado um patamar no qual a velocidade de onda S permaneceu constante. O decréscimo da taxa de velocidade é nítido em relação ao trecho de inicial do ensaio, embora o patamar não apresente uma redução de velocidade absoluta, voltando a crescer na faixa de 55 MPa, a partir do qual ocorreria uma nova estrutura da amostra. Esse valor coincide com a ruptura observada no gráfico tensão *vs.* deformação (Figura 4.16), onde ocorreu a inversão na queda da permeabilidade.

Outro detalhe interessante é que no descarregamento a velocidade de ondas se mostrou maior que no carregamento. Esse comportamento muda quando o descarregamento ocorre após o início do escoamento da amostra, conforme poderá ser visto adiante.

4.4.1.1.3 Ensaio com a Amostra A9102V

No ensaio da amostra A9102V foram feitas medidas de velocidade de ondas P e S, sem medições de permeabilidade. Utilizou-se uma trajetória de tensões com k = 0,9, muito próximo ao do ensaio hidrostático. A Figura 4.21 mostra o gráfico p e q *vs.* deformação volumétrica; a Figura 4.22, as deformações volumétricas plásticas obtidas; e a Figura 4.23 o trabalho plástico *vs.* primeiro invariante adimensional. Na Figura 4.24, pode-se verificar as deformações plásticas obtidas no ensaio.

Nas medições de velocidade de ondas foi obtida a diminuição de velocidade na região de colapso de poros. Para os ensaios que possuíam trajetórias de tensões próximas à hidrostática, conseguiu-se obter redução de velocidade na região de colapso de poros. Nesse ensaio, conforme pode ser visto na Figura 4.25, não se atingiu o final da região de colapso, onde as velocidades de onda voltariam a crescer.

Figura 4.21 – Ensaio da Amostra A9102V – p e q *vs.* deformação volumétrica

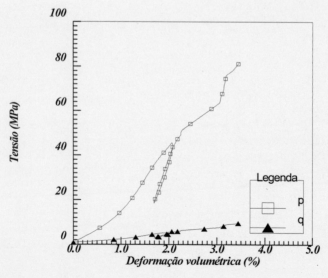

Fonte: o autor

Figura 4.22 – Deformação volumétrica plástica obtida para a amostra A9102V

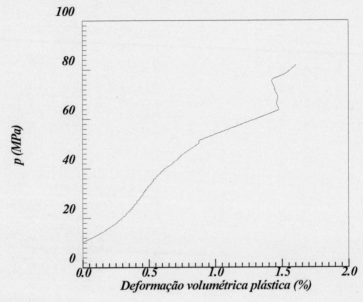

Fonte: o autor

Figura 4.23 – Trabalho plástico *vs.* primeiro invariante adimensional para amostra A9102V

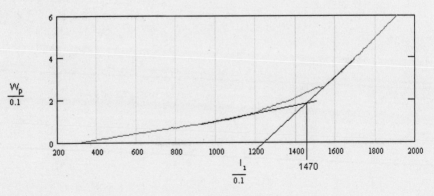

Fonte: o autor

Figura 4.24 – Deformações plásticas obtidas no ensaio da amostra A9102

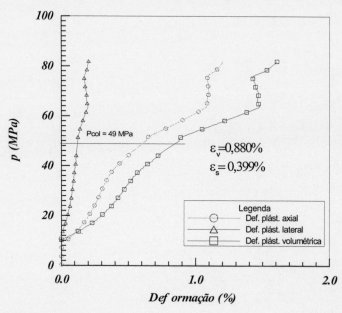

Fonte: o autor

Figura 4.25 – Velocidades de ondas P (v_p) e S (v_s) ao longo do ensaio da amostra A9102V

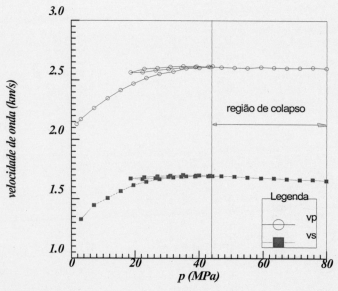

Fonte: o autor

4.4.1.1.4 Ensaio com a Amostra A9120V

No ensaio da amostra A9120V foram feitas medidas de velocidade de ondas P e S, não tendo sido medida a permeabilidade. Utilizou-se uma trajetória de tensões com k = 0,7. A Figura 4.26 mostra o gráfico p e q *vs.* deformação volumétrica. Neste ensaio foi feito um descarregamento na região da tensão de colapso. A fase de escoamento do ensaio ficou bem caracterizada. A Figura 4.27 apresenta as deformações volumétricas plásticas obtidas e a Figura 4.28 o trabalho plástico realizado *vs.* primeiro invariante adimensional do ensaio. A Figura 4.29 apresenta as deformações plásticas obtidas.

Nas medições de velocidades de onda, conseguiu-se atingir diminuição no valor da velocidade das ondas P e S. Como a trajetória de tensões do ensaio ainda está relativamente próxima à trajetória hidrostática, o retorno do aumento da velocidade de onda foi bem suave, conseguindo-se, no entanto, definir o início e o fim da região de colapso de poros conforme pode ser visto na Figura 4.30.

Figura 4.26 – Ensaio da Amostra A9120V – p e q *vs.* deformação volumétrica

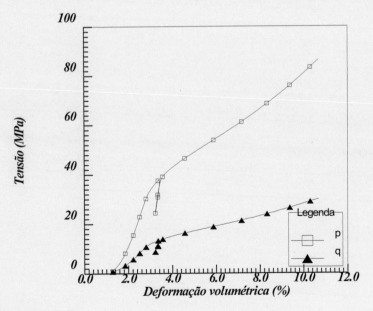

Fonte: o autor

Figura 4.27 – Deformação volumétrica plástica obtida para amostra A9120V

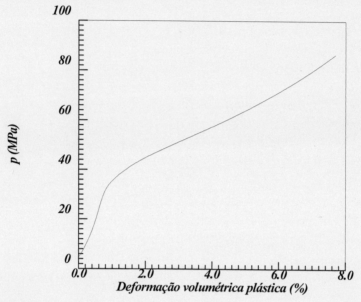

Fonte: o autor

Figura 4.28 – Trabalho plástico *vs.* primeiro invariante adimensional para amostra A9120V

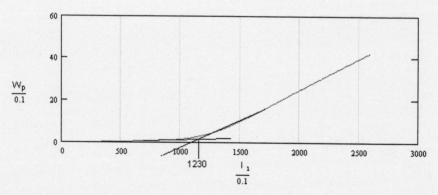

Fonte: o autor

Figura 4.29 – Deformações obtidas no ensaio para amostra A9120V

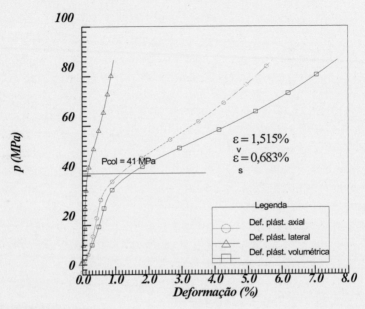

Fonte: o autor

Figura 4.30 – Velocidade de ondas P (v_p) e S (v_s) ao longo do ensaio para amostra A9120V

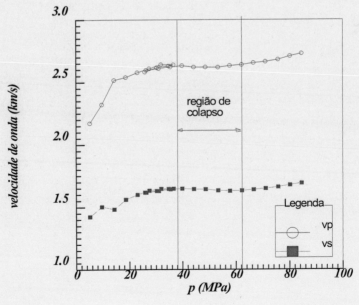

Fonte: o autor

4.4.1.1.5 Ensaio com a Amostra A9129V

Para o ensaio da amostra A9129V foram feitas medidas velocidade de onda P e S e permeabilidade. A trajetória de tensões foi de k = 0,4. A Figura 4.31 mostra o gráfico p, q e permeabilidade *vs.* deformação. Neste ensaio foi realizado um descarregamento na altura da tensão de colapso. Devido a essa trajetória de tensões, os valores de p e q ficaram próximos. A permeabilidade caiu ao longo de todo ensaio, sendo muito acentuada na fase linear, prejudicando uma análise mais detalhada sobre o efeito do colapso de poros sobre a permeabilidade. No descarregamento houve uma recuperação muito pequena da permeabilidade, mostrando que, uma vez ocorrido o dano na formação, o mesmo passa a ser definitivo. No entanto, para se quantificar o dano provocado pela redução da permeabilidade devido ao colapso de poros, será necessário desenvolver um ensaio que permita a sua medição, em fluxo permanente, nos vários estados de tensões previstos para o reservatório. Neste trabalho a medição de permeabilidade indicará apenas qualitativamente o que pode estar ocorrendo na formação.

A Figura 4.32 apresenta as deformações volumétricas plásticas obtidas e a Figura 4.33 o trabalho plástico *vs.* primeiro invariante adimensional. Apesar de se poder verificar o escoamento nos gráficos tensão *vs.* deformação, a sua caracterização não ficou muito acentuada. Entretanto, no gráfico do trabalho plástico realizado, o ponto de interseção entre as duas retas ficou caracterizado com nitidez.

Na Figura 4.34 pode-se verificar que, apesar de a deformação volumétrica ser positiva, a deformação lateral foi negativa, contribuindo para um aumento do volume da amostra, reduzindo o valor da deformação volumétrica e aumentando o valor da deformação desviadora. Esse fato se deve à trajetória de tensões estar mais afastada da trajetória hidrostática, aumentando a influência da componente de tensão desviadora.

À medida que se afasta da trajetória hidrostática, a região de colapso de poros, medidos pela velocidade de ondas P e S, vai estreitando, conforme pode ser visto na Figura 4.35. No patamar, a velocidade de onda S permanece constante, sem a ocorrência de um valor de pico. Com isso, conseguiu-se atingir o final da região de colapso, a partir do qual a velocidade de onda volta a crescer.

Figura 4.31 – Ensaio da Amostra A9129V – p e q *vs.* deformação volumétrica

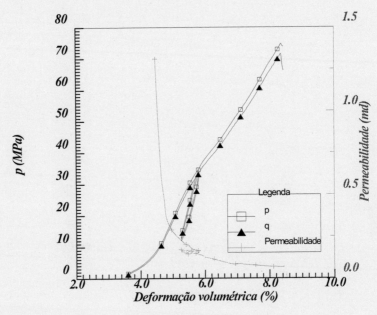

Fonte: o autor

Figura 4.32 – Deformação volumétrica plástica obtida para amostra A9129V

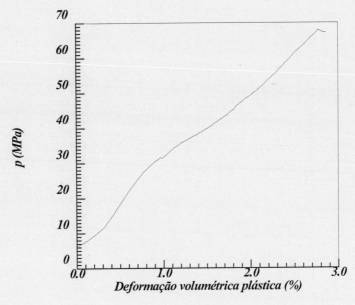

Fonte: o autor

Figura 4.33 – Trabalho plástico *vs.* primeiro invariante adimensional para amostra A9129V

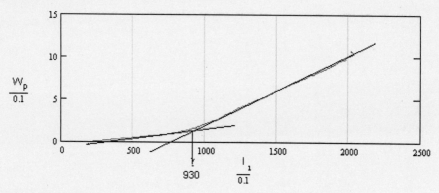

Fonte: o autor

Figura 4.34 – Deformações obtidas no ensaio para amostra A9129V

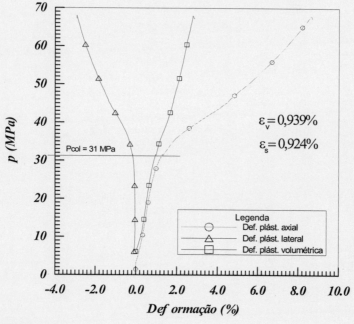

Fonte: o autor

Figura 4.35 – Velocidades de ondas P (v_p) e S (v_s) ao longo do ensaio para amostra A9129V

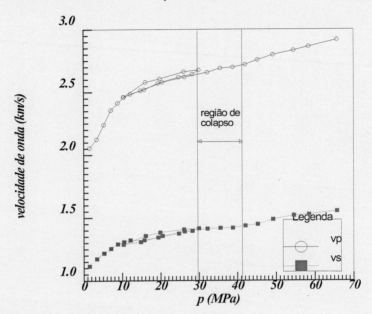

Fonte: o autor

4.4.1.1.6 Ensaio com a Amostra A9162V

No ensaio da amostra A9162V foram medidas velocidades de ondas P e S, entretanto não foi feita medição de permeabilidade. A trajetória de tensões apresentou um k = 0,82, portanto com uma trajetória mais próxima à hidrostática. A Figura 4.36 mostra o gráfico p e q vs. deformação volumétrica. Foi realizado um descarregamento na região de colapso, ficando o escoamento bem definido neste ensaio. Os baixos valores de q confirmam a proximidade à trajetória hidrostática. A Figura 4.37 apresenta as deformações volumétricas plásticas obtidas e a Figura 4.38, o trabalho plástico vs. primeiro invariante adimensional.

Devido à trajetória de tensões obtida para essa amostra, tanto os valores de deformação lateral como axial foram positivos, indicando que o CP foi comprimido ao longo de todo ensaio. A Figura 4.39 mostra os resultados obtidos.

Figura 4.36 – Ensaio da amostra A9162V – p e q *vs.* deformação volumétrica

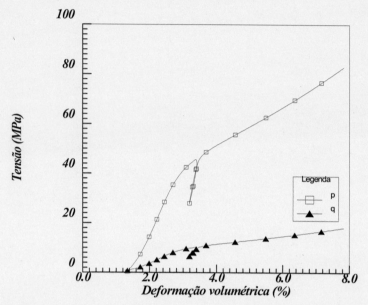

Fonte: o autor

Figura 4.37 – Deformação volumétrica plástica obtida para amostra A9162V

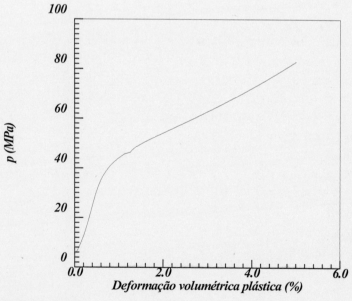

Fonte: o autor

Figura 4.38 – Trabalho *vs.* primeiro invariante adimensional para amostra A9162V

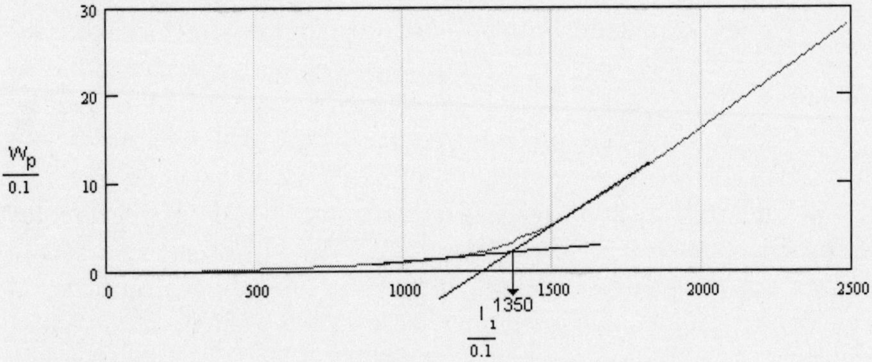

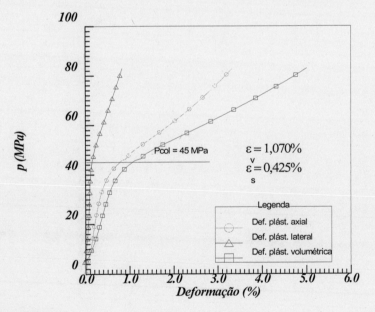

Fonte: o autor

Figura 4.39 – Deformações obtidas no ensaio para amostra A9162V

Fonte: o autor

Neste ensaio com trajetória de tensões mais próximas da trajetória hidrostática, houve uma acentuada queda de velocidade de ondas P e S na região de colapso de poros, conforme pode ser visto na Figura 4.40. Não se atingiu o fim da região de colapso, onde se iniciaria um novo aumento de velocidade. No descarregamento, as velocidades de ondas P e S apresentaram velocidades menores que no carregamento, ocorrendo o oposto do ensaio anterior. Entretanto, o descarregamento iniciou-se após se ter atingido a tensão de início de colapso, apresentando um comportamento diferente. Para medições de velocidade de ondas, o fato de se fazer o descarregamento antes ou após a tensão de colapso, altera os valores da velocidade no descarregamento. Isso ocorre em função da alteração da estrutura da rocha, pelo início da tensão de colapso. Esse efeito é pouco perceptível nos gráficos de tensão *vs.* deformação, nos quais as linhas médias nos descarregamentos são aproximadamente paralelas. Nos ensaios mecânicos, ele só é notado quando o descarregamento é feito muito após a tensão de colapso de poros, no qual a linha média aumenta sua inclinação, devido ao aumento de rigidez da amostra, pela redução do volume poroso.

Figura 4.40 – Velocidades de ondas P (v_p) e S (v_s) ao longo do ensaio para a amostra A9162V

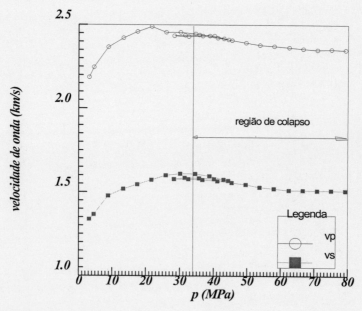

Fonte: o autor

4.4.1.1.7 Ensaio com a Amostra A9177V

Para a amostra A977V, foram feitas medidas velocidade de ondas P e S e de permeabilidade, com apenas um descarregamento próximo a tensão de colapso de poros. A trajetória de tensões apresentou um k = 0,6. A Figura 4.41 mostra o gráfico p, q e permeabilidade *vs.* deformação volumétrica. O escoamento ficou bem definido neste ensaio. A permeabilidade apresentou o mesmo comportamento do ensaio com a amostra A9129V (Figura 4.31), com uma queda muito grande na fase inicial e linear (tensão vs. deformação) do ensaio, com uma pequena recuperação da permeabilidade no descarregamento. A Figura 4.42 apresenta as deformações volumétricas plásticas obtidas e a Figura 4.43 o trabalho plástico *vs.* primeiro invariante adimensional.

À medida que a trajetória de tensões se afasta da trajetória hidrostática, a deformação lateral tende a se afastar de um comportamento compressivo para um comportamento dilatante. Na Figura 4.44, pode-se observar que a deformação lateral é quase nula, num comportamento intermediário entre a amostra A9162V (k=0,8 - Figura 4.39) e a amostra A9129V (k=0,4 - Figura 4.34).

Figura 4.41 – Ensaio da Amostra A9177V – p e q *vs.* deformação volumétrica

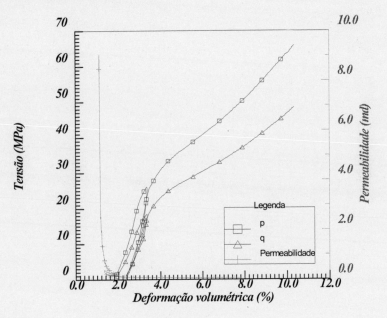

Fonte: o autor

Figura 4.42 – Deformação volumétrica plástica obtida para amostra A9177V

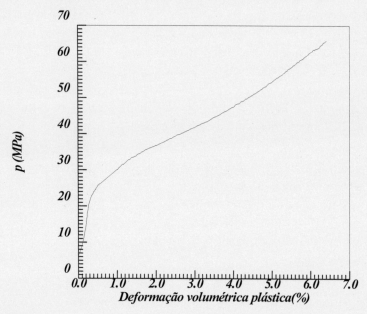

Fonte: o autor

Figura 4.43 – Trabalho plástico *vs.* primeiro invariante adimensional para amostra A9177V

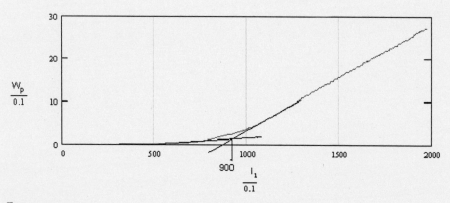

Fonte: o autor

Figura 4.44 – Deformações obtidas no ensaio para amostra A9177V

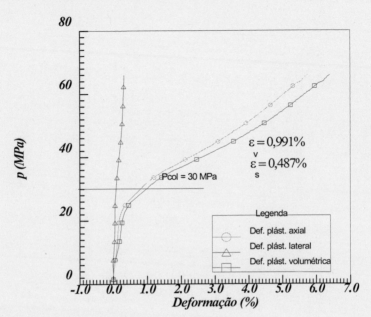

Fonte: o autor

Com relação a medição de velocidade de ondas P e S, conseguiu-se obter um patamar com redução da velocidade absoluta. Atingiu-se também a região onde a velocidade de onda volta a crescer, delimitando-se os dois extremos da região de colapso. A Figura 4.45 mostra os resultados obtidos.

Figura 4.45 – Velocidades de ondas P (v_p) e S (v_s) ao longo do ensaio para amostra A9177V

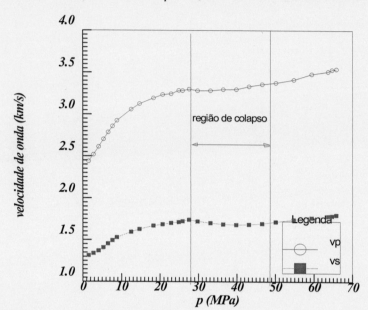

Fonte: o autor

4.4.1.1.8 Curva de Fechamento

A partir dos resultados dos ensaios, pode-se obter a curva de fechamento para a porosidade de 31%. A Tabela 4.5 e a Tabela 4.6 apresentam os resultados obtidos nos ensaios mecânicos e com medições de velocidade de ondas P e S. Uma vez definidas as tensões de colapso dos ensaios, pôde ser construída a Figura 4.46, na qual se delineia a região de colapso de poros para essa porosidade.

ENSAIOS EXPERIMENTAIS PARA DEFINIÇÃO DO MODELO DE CAP – COLAPSO DE POROS

Tabela 4.5 – Resultado das tensões de colapso de poros nos ensaios para a porosidade de 31%

CP	Porosidade (%)	$K (s_3/s_1)$	p (colapso) (MPa)	q (colapso) (MPa)	W_p/P_a (colapso) (adimensional)
A9011V	31,3	1,0	47,0	0	1 410
A9020V	31,1	0,3	27,0	28,0	800
A9102V	30,2	0,9	49,0	6,0	1 470
A9120V	31,4	0,7	41,0	14,5	1 230
A9129V	31,9	0,4	31,0	32,4	930
A9162V	30,2	0,8	45,0	10,2	1 350
A9177V	31,1	0,6	30,0	22,5	900

Fonte: autor

Tabela 4.6 – Deformações medidas e tensões de colapso a partir da velocidade de ondas

CP	e_v (%)	e_s (%)	p (início região de colapso) (MPa)	q Início região de colapso (MPa)	p (Final região de colapso) (MPa)	q (Final região de colapso) (MPa)
A9011V	1,067	0,0	-	-	-	-
A9020V	0.976	0,651	20,0	24,0	57,0	35,0
A9102V	0,880	0,399	38,0	5,0	aberto	Aberto
A9120V	1,515	0,683	38,0	13,0	62,0	22,0
A9129V	0,939	0,924	29,0	30,0	42,0	45,0
A9162V	1,070	0,425	34,0	8,0	aberto	Aberto
A9177V	0,991	0,487	28,0	21,0	49,0	36,6

Fonte: o autor

Figura 4.46 – Pontos da curva de fechamento para os ensaios com porosidade média de 31%

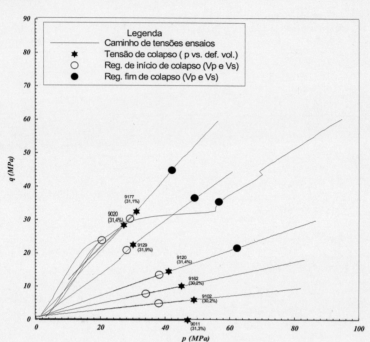

Fonte: o autor

Na Figura 4.46, as estrelas cheias representam os pontos de tensão de colapso de poros obtidos a partir dos gráficos tensão (p) *vs.* deformação (volumétrica). Os pontos em círculos vazados representam o início, e os pontos em círculos cheios o final da região de colapso, ambos obtidos pelas medições de velocidades de ondas P e S, similar a Scott Jr. (1998). Os ensaios das amostras A9162V e A9102V não atingiram o final região de colapso, ficando, portanto, a marcação desses pontos em aberto. A região de colapso de poros apresenta uma base mais larga, referentes às trajetórias hidrostática e próximas à mesma.

O início da região de colapso, obtido pela medição de velocidade de ondas, teve valores de tensões de colapso de poros menores do que pelo método das tensões *vs.* deformação. Essa diferença ocorre por esse último adotar o valor de interseção das retas obtidas nos gráficos de trabalho plástico *vs.* primeiro invariante adimensional. Se fosse utilizado o início do aumento do coeficiente angular, a partir da primeira reta obtida, essa diferença deveria ser menor.

ENSAIOS EXPERIMENTAIS PARA DEFINIÇÃO DO MODELO DE CAP – COLAPSO DE POROS

As linhas cheias representam as trajetórias de tensões obtidas nos ensaios. No ensaio hidrostático a trajetória é coincidente com o eixo p. À medida que o valor de k diminui, as trajetórias tendem para o eixo q, ficando a trajetória extrema por conta do ensaio oedométrico, feito com a amostra A9020V. Neste tipo de ensaio o início é linear, entretanto, ao iniciar a região de colapso, o valor de q tende a ficar constante. Ao se atingir o final da região de colapso de poros o valor de q volta a crescer. Nos demais ensaios as trajetórias são lineares por terem sido programadas com valores de k constante.

Na Figura 4.47 são mostrados os pontos de tensões de colapso associados às deformações volumétricas e desviadoras obtidas nos ensaios. Essa associação é importante, pois ela definirá se a curva de fechamento obedece à lei de escoamento associada, vetor de deformação total forma um ângulo de 90° com a curva de fechamento (condição de normalidade), ou não associada, vetor de deformação total forma um ângulo diferente de 90° com a curva de fechamento, conforme Atkinson (1978).

Partindo do ensaio hidrostático para o oedométrico, observa-se um crescimento da deformação desviadora, iniciando em zero, enquanto a deformação volumétrica cresce inicialmente até um valor máximo, apresentando então um decréscimo. O fato de a deformação volumétrica apresentar um valor máximo, ensaio com amostra A9120V, se deve ao comportamento da deformação lateral, que nos ensaios mais próximos da trajetória hidrostática apresentam um comportamento compressivo, com valores positivos de deformações. À medida que se afasta da trajetória hidrostática, a deformação lateral começa a apresentar um comportamento dilatante, apresentando valores próximo a zero, ensaio A9177V (Figura 4.44), chegando a obter-se valores negativo, ensaio com amostra A9129 (Figura 4.34). Como a deformação axial tem sempre valores positivos e maiores do que a deformação lateral, o valor da deformação volumétrica permanece sempre positivo.

Para a obtenção da curva de fechamento para a porosidade de 31%, foi feita uma interpolação dos pontos com um polinômio do segundo grau, que apresentou um bom ajuste para os pontos obtidos e mantinha um ângulo próximo de 90° com os vetores das deformações totais, conforme pode ser visto na Figura 4.47. Para caracterizar o início da região de colapso de poros, traçaram-se duas curvas: uma para os pontos obtidos a partir dos gráficos tensão *vs.* deformação, definidos pelo incremento da taxa de trabalho plástico no ensaio; e outra definida pelas medições de velocidade de ondas P e S, não havendo maiores preocupações com o final da região de colapso. Para a obtenção das curvas de fechamento, não houve a preocupação de se fazer ajuste a modelos existentes, que poderão futuramente ser avaliados a partir dos pontos obtidos neste trabalho. As curvas foram obtidas com a exclusiva intenção de se fazer uma análise para o campo de C e para a região de fechamento da envoltória de ruptura (*cap*).

Figura 4.47 – **Deformações associadas às tensões dos ensaios com porosidade média de 31%**

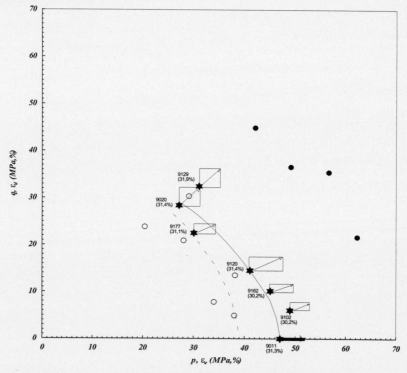

Fonte: o autor

Por não haver amostras disponíveis, não foi possível obter uma envoltória de ruptura para a porosidade média de 31%. De acordo com os resultados obtidos neste trabalho, estima-se que para cada porosidade poderia ser obtida uma envoltória diferente, provavelmente com ângulos de atritos próximos e coesões diferenciadas, obtendo-se envoltórias relativamente paralelas entre si para as diversas porosidades.

ENSAIOS EXPERIMENTAIS PARA DEFINIÇÃO DO MODELO DE CAP – COLAPSO DE POROS

4.4.1.2 Pontos para Curva de Fechamento para Porosidade de 27%

Para a realização destes ensaios estavam disponíveis apenas quatro amostras com porosidade média em torno de 27%. A Tabela 4.7 mostra um resumo dos ensaios realizados. Será mantida a mesma estrutura anterior com apresentação dos ensaios e posterior apresentação dos resultados.

Tabela 4. 7 – Ensaios para a porosidade de 27%

CP	Porosidade (%)	K (s_3/s_1)	Figuras relativas ao ensaio	Observações
A9285V	26,1	1,0	Figura 4.48 à Figura 4.51	s/ permeabilidade e s/ v_p e v_s
A9144V	28,9	0,6	Figura 4.52 à Figura 4.56	c/ permeabilidade e c/ v_p e v_s
A9147V	27,6	0,4	Figura 4.57 à Figura 4.61	c/ permeabilidade e c/ v_p e v_s
A9159V	25,1	0,3	Figura 4.62 à Figura 4.66	c/ permeabilidade e c/ v_p e v_s

Fonte: o autor

4.4.1.2.1 Ensaio com a Amostra A9285V

No ensaio hidrostático para a amostra A9285V não foram feitas medições de permeabilidade e velocidade de ondas.

Foram efetuados dois descarregamentos, um na fase linear e outro logo após o término da mesma. As linhas médias entre esses descarregamentos são aproximadamente paralelas. A Figura 4.48 mostra o gráfico p *vs.* deformação volumétrica. No início do ensaio se observa uma deformação não linear, que se repete nos descarregamentos subsequentes. A princípio se associa esse fenômeno a abertura ou fechamento de fissuras existentes devido ao alívio de tensão (Goodman, 1989). Por isso, ao se obter a linha média, no descarregamento, se utiliza a média mais próxima do trecho linear.

A Figura 4.49 apresenta as deformações volumétricas plásticas obtidas e a Figura 4.50 o trabalho plástico *vs.* primeiro invariante adimensional. Como a porosidade, para esta amostra, é mais baixa, obteve-se um p de colapso de poros bem mais alto que no ensaio hidrostático para a amostra A9011V, nas mesmas condições de ensaio.

Figura 4.48 – Ensaio da amostra A9285V – p *vs.* deformação volumétrica

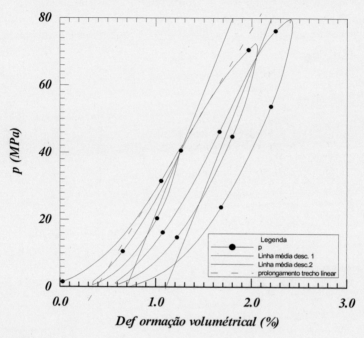

Fonte: o autor

Figura 4.49 – Deformação volumétrica plástica obtida para amostra A9285V

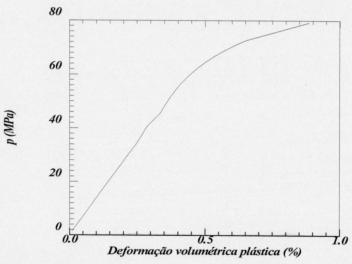

Fonte: o autor

Figura 4.50 – Trabalho plástico *vs*. primeiro invariante adimensional para amostra A9285V

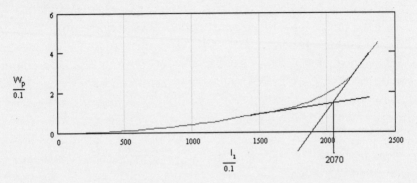

Fonte: o autor

Diferentemente do ensaio A9011V, o ensaio hidrostático com a amostra A9285V apresentou um pequeno valor de deformação desviadora, apesar de não se ter nenhuma componente de tensão desviadora nesse tipo de ensaio. Uma provável explicação para a obtenção dessa deformação desviadora fica por conta de anisotropia do material (Graham, 1989 [30]). O nível de deformação volumétrica também foi mais baixo em função de a porosidade ser menor. A Figura 4.51 apresenta os resultados obtidos.

Figura 4.51– Deformações obtidas no ensaio para amostra A9285V

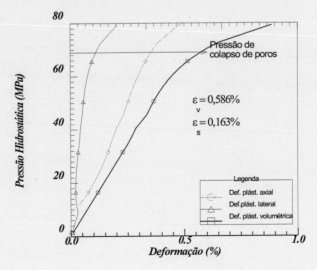

Fonte: o autor

4.4.1.2.2 Ensaio com a Amostra A9144V

Na amostra A9144V foram feitas medições de permeabilidade e de velocidades de ondas P e S. Realizaram-se dois descarregamentos, um antes e outro após a tensão de colapso de poros. A trajetória de tensões apresentou um k = 0,6. A Figura 4.52 mostra o gráfico p, q e permeabilidade *vs.* deformação volumétrica. Neste ensaio a fase de escoamento ficou bem definida. Houve uma queda acentuada da permeabilidade na fase linear do gráfico tensão vs. deformação do ensaio, entretanto um fato interessante pôde ser observado nos descarregamentos. No primeiro descarregamento, que ocorreu na fase linear do ensaio, houve uma recuperação muito maior da permeabilidade do que no segundo descarregamento, que foi feito após ter atingido a tensão de colapso, mostrando que existe um comportamento diferenciado da permeabilidade antes e após a ocorrência da tensão de colapso.

A Figura 4.53 apresenta as deformações volumétricas plásticas obtidas, e a Figura 4.54 o trabalho plástico *vs.* primeiro invariante adimensional.

Figura 4.52 – Ensaio da Amostra A9144V – p e q *vs.* deformação volumétrica

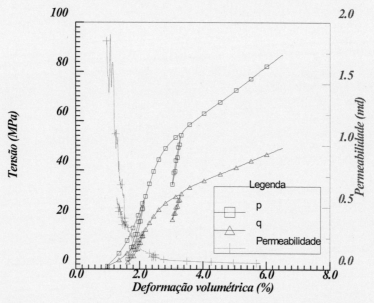

Fonte: o autor

Figura 4. 53 – Deformação volumétrica plástica obtida para amostra A9144V

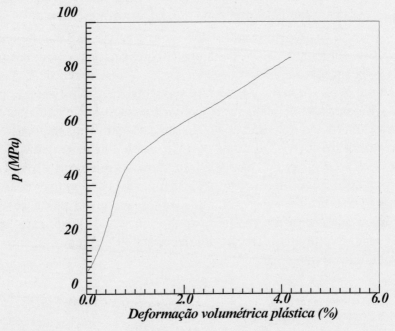

Fonte: o autor

Figura 4.54 – Trabalho plástico vs. primeiro invariante adimensional para amostra A9144V

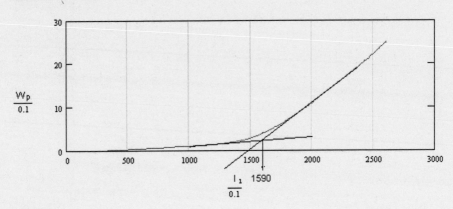

Fonte: o autor

Neste ensaio, a deformação lateral se manteve ligeiramente positiva, conforme pode ser visto na Figura 4.55, apresentando um valor quase nulo, indicando que ela teve um comportamento ligeiramente dilatante.

Com relação às medições de velocidade de ondas P e S (Figura 4.56), conseguiu-se obter uma redução da velocidade absoluta na região de colapso de poros, não se conseguindo, contudo, atingir o final da região. Um fato interessante ficou por conta dos descarregamentos realizados antes e após a tensão de colapso. A velocidade de ondas no descarregamento feito antes da tensão de colapso ficou maior do que no carregamento, enquanto, no descarregamento após a tensão de colapso, a velocidade de ondas ficou menor do que na curva de carregamento, demonstrando mais uma vez, agora no mesmo ensaio, que o descarregamento antes da tensão de colapso de poros apresenta uma variação na velocidade de ondas em relação ao descarregamento realizado após à tensão de colapso, devido a reestruturação sofrida pela estrutura da rocha, que também afetou o comportamento da permeabilidade (Figura 4.52).

Figura 4.55 – Deformações obtidas no ensaio para amostra A9144V

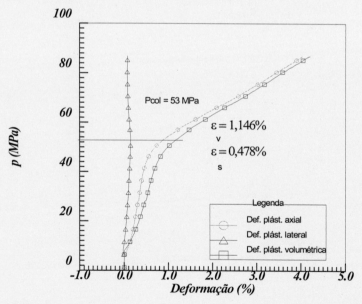

Fonte: o autor

Figura 4.56 – Velocidades de ondas P (v_p) e S (v_s) ao longo do ensaio para amostra A9144V

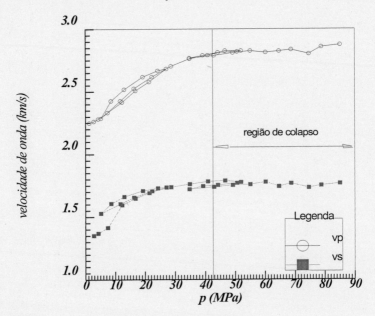

Fonte: o autor

4.4.1.2.3 Ensaio com a Amostra A9147V

Na amostra A9147V também foram feitas medidas de velocidade de ondas P e S e de permeabilidade, sendo feito somente um descarregamento na fase linear. A trajetória de tensões apresentou um k = 0,4. A Figura 4.57 mostra o gráfico p, q e permeabilidade *vs.* deformação volumétrica. Nessa trajetória de tensões os valores de p e q ficam muito próximos, conforme pode ser visto nessa figura e na Figura 4.31 para amostra A9129V. Na medição de permeabilidade, novamente ocorreu uma queda muito acentuada na fase linear, dificultando a análise do efeito do colapso na permeabilidade. Entretanto, pode-se observar que no primeiro carregamento, na fase linear, há uma pequena recuperação da permeabilidade. No segundo descarregamento, ao final do ensaio, numa tensão muito acima da tensão de colapso, se verifica que praticamente não ocorre nenhuma recuperação da permeabilidade, conforme visto nos ensaios anteriores.

A Figura 4.58 apresenta as deformações volumétricas plástica obtidas e a Figura 4.59 o trabalho plástico *vs.* primeiro invariante adimensional.

Figura 4.57 – Ensaio da Amostra A9147V – p e q *vs.* deformação volumétrica

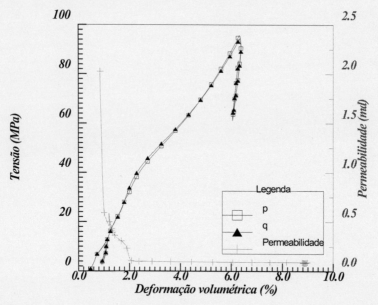

Fonte: o autor

Figura 4.58 – Deformação volumétrica plástica obtida para amostra A9147V

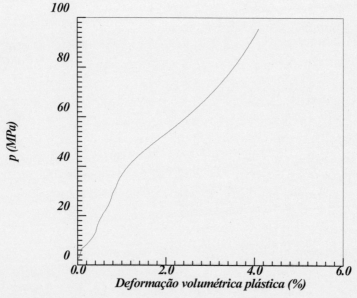

Fonte: o autor

Figura 4.59 – Trabalho plástico *vs.* primeiro invariante adimensional para amostra A9147V

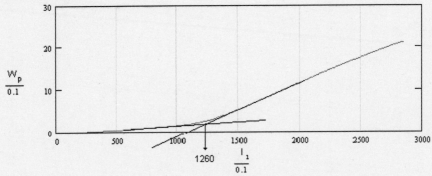

Fonte: o autor

A deformação lateral neste ensaio apresentou um comportamento dilatante, ou seja, houve uma expansão lateral, devido à atuação da componente desviadora. Como houve uma grande deformação axial, a deformação volumétrica se manteve positiva. A Figura 4.60 mostra as deformações plásticas obtidas.

Para a medição de velocidade de ondas P e S, além de se obter uma redução da velocidade absoluta da velocidade, conseguiu-se definir toda a região de colapso de poros. À medida que se realizaram ensaios com trajetórias de tensões mais afastadas da trajetória hidrostática, conseguiu-se registrar o final da região de colapso. O descarregamento foi realizado antes da tensão de colapso, ficando acima da linha de carregamento. Não houve registro de medições de ondas no segundo descarregamento. A Figura 4.61 mostra o gráfico obtido.

Figura 4.60 – Deformações obtidas no ensaio para amostra A9147V

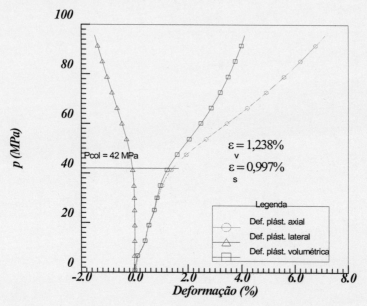

Fonte: o autor

Figura 4.61 – Velocidades de ondas P (v_p) e S (v_s) ao longo do ensaio para amostra A9147V

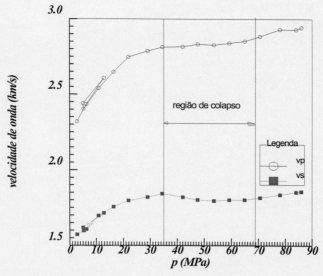

Fonte: o autor

4.4.1.2.4 Ensaio com a Amostra A9159V

O ensaio para a amostra A9159V foi do tipo oedométrico. Nesse tipo de ensaio, a trajetória de tensão apresenta um k variável em torno de 0,3 na fase linear. Foram feitas medidas de velocidade de ondas P e S, de permeabilidade e um descarregamento no início da região de colapso. A Figura 4.62 mostra o gráfico p, q e permeabilidade *vs.* deformação volumétrica. Nos ensaios oedométricos, de deformação uniaxial, a curva de tensão média (p) não define muito claramente a região de escoamento, o mesmo não ocorre com a curva da tensão desviadora (q), onde a região de escoamento é nítida. A medição de permeabilidade apresentou a mesma configuração dos ensaios anteriores, com uma queda muito grande na fase linear. A baixa permeabilidade do material também dificulta um pouco a sua medição, devido ao diferencial de pressão muito alto que deve ser aplicado na amostra.

A Figura 4.63 apresenta as deformações volumétricas plásticas obtidas e a Figura 4.64 o trabalho plástico *vs.* primeiro invariante adimensional. Na curva do trabalho plástico se observa a existência de dois patamares de trabalho plástico, mostrando que, apesar de a região de escoamento não ser muito nítida na curva da tensão média (p), ela existe.

Figura 4.62 – Ensaio da Amostra A9147V – p e q *vs.* deformação volumétrica

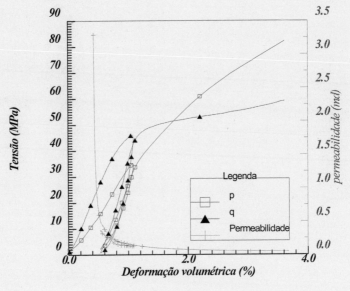

Fonte: o autor

Figura 4.63 – Deformação volumétrica plástica obtida para amostra A9159V

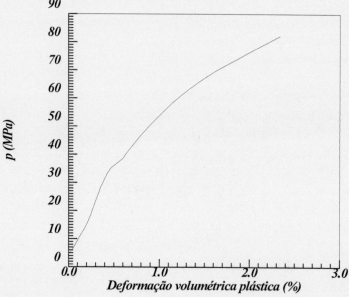

Fonte: o autor

Figura 4.64 – Trabalho plástico *vs.* primeiro invariante adimensional para amostra A9159V

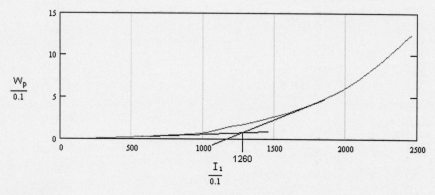

Fonte: o autor

Para este tipo de ensaio, a deformação lateral é nula, com isso as deformações axiais e volumétricas são iguais. A Figura 4.65 mostra as deformações volumétricas e desviadoras obtidas no colapso.

Para as medições de velocidade de ondas P e S, houve uma ligeira redução da velocidade absoluta na onda P, para a definição da região de colapso de poros. Conseguiu-se definir toda a região de colapso. O descarregamento foi realizado logo após o início da tensão de colapso, ocorrendo com velocidade de ondas menor que no carregamento. A Figura 4.66 mostra o gráfico obtido.

Figura 4.65 – Deformações obtidas no ensaio para amostra A9159V

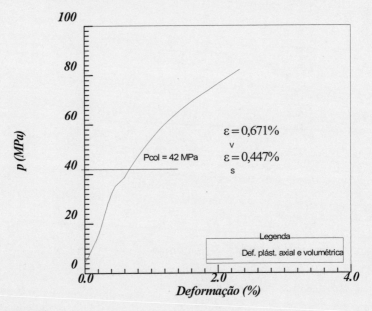

Fonte: o autor

Figura 4.66 – Velocidades de ondas P (v_p) e P (v_s) ao longo do ensaio amostra A9159V

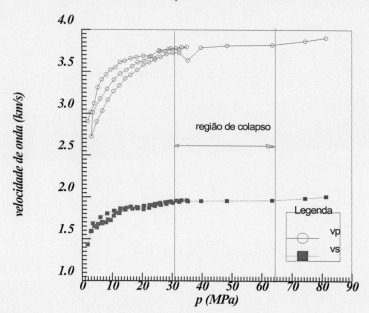

Fonte: o autor

4.4.1.2.5 Curva de Fechamento

Para a obtenção da curva de fechamento de 27%, foram utilizados apenas os ensaios disponíveis. A Tabela 4.8 e a Tabela 4.9 apresentam os resultados obtidos nos ensaios mecânicos e com medições de velocidade de ondas P e S. Verifica-se que as tensões de colapso de poros ficaram num patamar mais alto do que as tensões de colapso para a porosidade de 31%.

A Figura 4.67 mostra as trajetórias de tensões obtidas nos ensaios e as tensões que definem a região de colapso a porosidade de 27%.

Tabela 4. 8 – Resultado das tensões de colapso de poros nos ensaios para a porosidade de 27%

CP	Porosidade (%)	$K (s_3/s_1)$	p (colapso) (MPa)	q (colapso) (MPa)	W_p/P_a (colapso) (adimensional)
A9285V	26,1	1,0	69,0	0	2 070
A9144V	28,9	0,6	53,0	29,1	1 590
A9147V	27,6	0,4	42,0	43,4	1 260
A9159V	25,1	0,3	42,0	49,1	1 260

Fonte: o autor

Tabela 4.9 – Deformações medidas e tensões de colapso a partir da velocidade de ondas

CP	e_v (%)	e_s (%)	p (Início região de colapso) (MPa)	q (Início região de colapso) (MPa)	p (Final região de colapso) (MPa)	q (Final região de colapso) (MPa)
A9285V	0,586	0,163	-	-	-	-
A9144V	1,146	0,478	42,0	23,0	aberto	aberto
A9147V	1,238	0,997	35,0	37,0	69,0	69,0
A9159V	0,671	0,447	31,0	44,0	66,0	54,0

Fonte: o autor

Figura 4.67 – Pontos da curva de fechamento dos ensaios com porosidade média de 27%

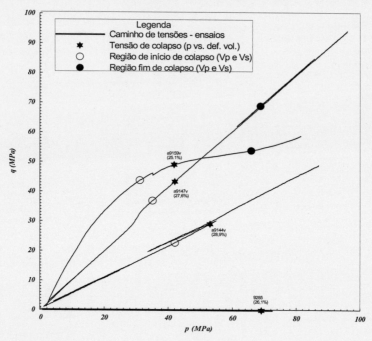

Fonte: o autor

Foram adotados os mesmos símbolos para as amostras com porosidade de 31%. Os pontos em estrela representam os pontos de tensão de colapso de poros obtidos a partir dos gráficos tensão (p) *vs.* deformação (volumétrica). Os pontos em círculos vazados e cheios representam o início e o fim da região de colapso de poros obtidos pela medição de velocidade de ondas P e S, respectivamente. O ensaio com a amostra A9144V não atingiu o final da região.

No ensaio oedométrico com amostra A9159V, o valor de q tende a ficar constante na trajetória, após a tensão de colapso, conforme ocorrido com a amostra A9020V.

Apesar do pequeno número de amostras, conseguiu-se uma boa configuração de pontos para a obtenção da curva de fechamento. Mais uma vez o início da região de colapso, obtida pela medição de velocidade de ondas, obteve valores de tensões de colapso menores do que pelos ensaios mecânicos.

Observou-se um comportamento semelhante às amostras com porosidade de 27% e de 31%. A diferença ficou por conta da obtenção, no ensaio hidrostático, de deformações desviadoras. Tal fato indica que a curva de fechamento, para a porosidade de 27%, não deve ser normal ao eixo p, devido, provavelmente, à anisotropia do material. Para a obtenção da curva de fechamento, adotou-se o mesmo procedimento anterior, uma curva parabólica iniciando com uma inclinação diferente de 90° ao eixo p. A Figura 4.68 mostra a associação das tensões com as deformações e a curva de fechamento obtida.

Figura 4.68 – Deformações associadas às tensões dos ensaios de porosidade média de 27%

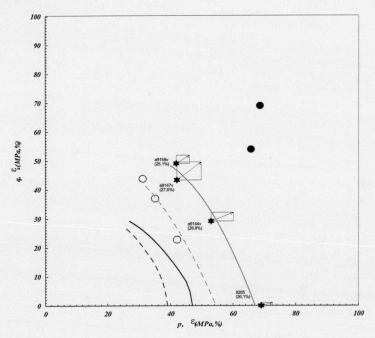

Fonte: o autor

Mais uma vez, a falta de amostras para se verificar a envoltória de ruptura para a porosidade de 27% foi bastante sentida. Seria bastante interessante fazer uma comparação das envoltórias para as diversas porosidades.

4.4.1.3 Pontos para a Curva de Fechamento para Porosidade de 24%

Para este valor de porosidade se dispunha de somente de três amostras. A Tabela 4.10 mostra um resumo dos ensaios realizados.

Tabela 4.10 – Ensaios para a porosidade de 24%

CP	Porosidade (%)	K (s_3/s_1)	Figuras relativas ao ensaio	Observações
A9321V	23,4	1,0	Figura 4.69 à Figura 4.73	s/ permeabilidade e s/ v_p e v_s
A9321V	23,4	0,4	Figura 4.74 à Figura 4.77	s/ permeabilidade e s/ v_p e v_s
A9138V	24,0	0,4	Figura 4.78 à Figura 4.82	c/ permeabilidade e c/ v_p e v_s
A9135V	23,2	0,3	Figura 4.83 à Figura 4.87	c/ permeabilidade e c/ v_p e v_s

Fonte: o autor

4.4.1.3.1 Ensaio com a Amostra A9321V – Hidrostático

Como nos demais ensaios hidrostáticos, não foram feitas medições de velocidade de ondas P e S e permeabilidade. Neste ensaio, como pode ser verificado na Figura 4.69, quando o colapso de poros começou a se configurar, atingiu-se o limite máximo de pressão confinamento do equipamento geomecânico. Foram feitos dois descarregamentos, um na metade da fase linear e outro no final da fase linear, no limite máximo do ensaio. Assim, foi verificado, mais uma vez, que na fase linear ocorrem tanto deformações elásticas quanto plásticas, mesmo para as porosidades mais baixas, onde as tensões de colapso são obtidas com valores mais altos e apresentam um comportamento menos dúctil. A Figura 4.70 apresenta as deformações plásticas e elásticas obtidas a partir dos procedimentos já descritos anteriormente.

ENSAIOS EXPERIMENTAIS PARA DEFINIÇÃO DO MODELO DE CAP – COLAPSO DE POROS

Figura 4.69 – Ensaio da Amostra A9321V – p *vs.* deformação volumétrica

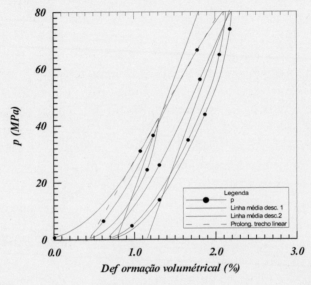

Fonte: o autor

Figura 4.70 – Deformações plásticas e elásticas obtidas no ensaio da Amostra A9321V

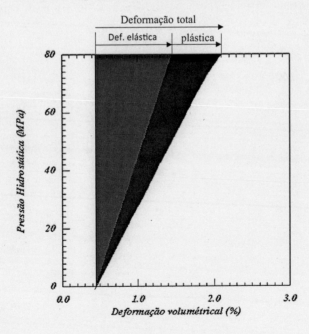

Fonte: o autor

159

Neste ensaio, para efeito da curva de fechamento, ainda não havia sido atingida a tensão de colapso de poros, entretanto, conforme pode ser visto pelas figuras anteriores, o trecho linear estava totalmente configurado, iniciando-se a curvatura que deveria caracterizar a tensão hidrostática de colapso de poros. Num ponto de vista mais rigoroso, esse ponto seria o início do colapso, o qual poderia ser adotado como um modelo de obtenção da tensão de colapso de poros. Se esse modelo fosse utilizado, talvez houvesse uma maior aproximação na obtenção do início da região colapso de poros obtidos com a metodologia de medições de velocidade de ondas P e S. Por conseguinte, o modelo adotado pelo presente trabalho, utilizando a interseção entre as retas nos gráficos de trabalho plástico, apresenta valores maiores para a obtenção de pontos para a curva de fechamento.

Como o final do trecho linear e início e início da região de colapso estavam caracterizados, decidiu-se fazer uma extrapolação da curva, utilizando-se uma equação logarítmica (Y = 51,0963 * log(X) + 103,057), que se aproximava da configuração das curvas obtidas nos ensaios hidrostáticos anteriores. A Figura 4.71 apresenta o gráfico da deformação plástica extrapolada obtido.

Figura 4.71 – Ensaio extrapolado da deformação volumétrica plástica da amostra A9321V

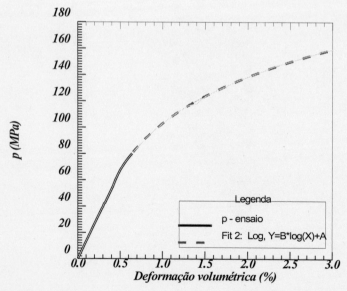

Fonte: o autor

A partir da extrapolação das deformações plásticas, foi obtido o gráfico da curva do trabalho plástico *vs.* primeiro invariante, apresentado na Figura 4.72. Assim, conseguiu-se uma boa configuração do segundo trecho do trabalho plástico, definindo-se com mais precisão o trabalho plástico equivalente à tensão de início do colapso.

Figura 4.72 – Trabalho plástico *vs.* primeiro invariante adimensional para amostra A9321V

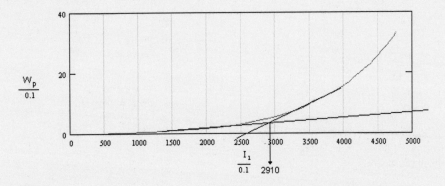

Fonte: o autor

Para o cálculo das deformações volumétricas e desviadoras, foi utilizado apenas o trecho de ensaio, sem a extrapolação. Mais uma vez, verifica-se que a deformação desviadora tem um valor diferente de zero. A Figura 4.73 apresenta os valores das deformações desviadoras e volumétricas obtidas.

Figura 4.73 – Deformações plástica obtidas no ensaio da amostra A9321V

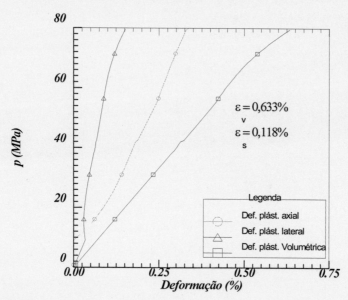

Fonte: o autor

4.4.1.3.2 Ensaio com a Amostra A9321 – Não Hidrostática

Como a amostra A9321V, no ensaio hidrostático, apenas atingiu o início da região de colapso, a mesma foi utilizada para outro ensaio, agora com k = 0,4. Sabe-se que, mesmo na fase linear, ocorrem deformações permanentes, alterando a configuração inicial da amostra. Por outro lado, se verifica que, quando ocorre um descarregamento, o novo carregamento tende a voltar para próximo do ponto original, onde se iniciou o descarregamento. Por isso é de se esperar que, mesmo tendo sido ensaiada até o início da tensão de colapso, ela volte para o próximo do ponto de colapso que seria obtido sem a ocorrência do ensaio anterior.

Neste ensaio não foram feitas medições de velocidade de ondas P e S e permeabilidade. Foram feitos dois descarregamentos, um antes e outro após a tensão de colapso de poros. A Figura 4.74 mostra o gráfico p e q *vs.* deformação volumétrica. Nessa trajetória de tensões os valores de p e q tendem a ficar próximos, sendo que neste ensaio os valores foram quase coincidentes. A Figura 4.75 apresenta as deformações volumétricas plásticas obtidas e a Figura 4.76 o trabalho plástico *vs.* primeiro invariante adimensional.

Figura 4.74 – Ensaio da Amostra A9321V – p e q *vs.* deformação volumétrica – trajetória não hidrostática

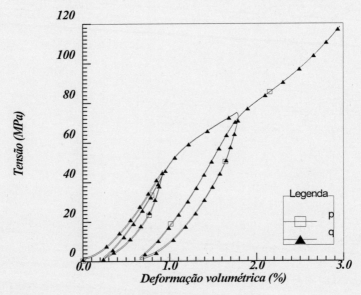

Fonte: o autor

Figura 4.75 – Deformação volumétrica plástica - amostra A9321V – trajetória não hidrostática

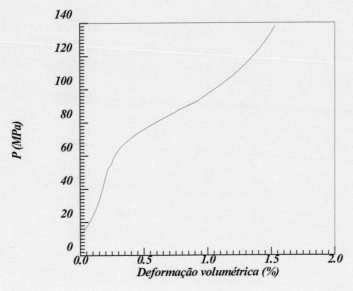

Fonte: o autor

Figura 4.76 – Trabalho plástico *vs.* primeiro invariante adimensional – Amostra A9321V – trajetória não hidrostática

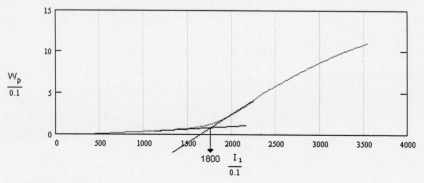

Fonte: o autor

Neste ensaio, como a trajetória de tensões está afastada da trajetória hidrostática, a deformação lateral apresentou valores ligeiramente positivos. Após a tensão de colapso, ela se tornou negativa, com um comportamento dilatante. A deformação volumétrica, por isso, apresentou um valor baixo. O estudo das deformações ficou um pouco prejudicado, devido à amostra já ter sido carregada a valores de tensões próximas de colapso da amostra, apresentando deformações residuais do ensaio anterior, que não foram levados em consideração neste ensaio. A Figura 4.77 mostra as deformações volumétricas e desviadoras plásticas obtidas no ensaio.

Figura 4.77 – Deformações obtidas no ensaio da amostra A9321 – Trajetória não hidrostática

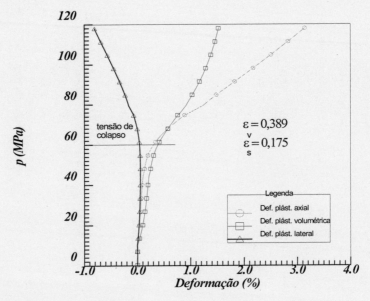

Fonte: o autor

4.4.1.3.3 Ensaio com a Amostra A9138V

A amostra A9138V foi ensaiada com uma trajetória de tensões, com valor de k = 0,4, igual ao do ensaio anterior. Neste ensaio foram medidos velocidade de ondas P e S, permeabilidade e dois descarregamentos. A Figura 4.78 apresenta as curvas p, q e permeabilidade *vs.* deformação volumétrica. Os valores de p e q ficaram muito próximos, conforme aconteceu no ensaio anterior, isso devido à trajetória de tensões escolhida. A permeabilidade apresentou uma queda muito acentuada no início do ensaio, tendo uma queda mais suave no trecho linear. Para se ter uma melhor visualização do trecho linear foram retirados os pontos iniciais da medição de permeabilidade do ensaio. Houve certa recuperação da permeabilidade nos dois descarregamentos, que foram realizados abaixo da tensão de colapso. Após a tensão de colapso, a permeabilidade permaneceu aproximadamente constante. O trecho inicial da permeabilidade cortada estava na faixa de 2,5 a 1,3 md.

A Figura 4.79 mostra as deformações volumétricas plástica obtidas, e a Figura 4.80 o trabalho plástico *vs.* primeiro invariante.

Figura 4.78 – Ensaio da Amostra A9138V – p e q *vs.* deformação volumétrica

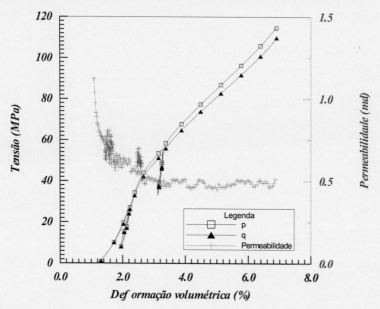

Fonte: o autor

Figura 4.79 – Deformação volumétrica plástica obtida para amostra A9138V

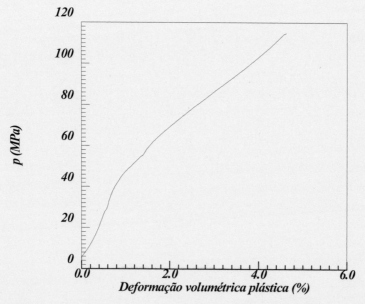

Fonte: o autor

Figura 4.80 – Trabalho plástico *vs*. primeiro invariante adimensional para amostra A9138V

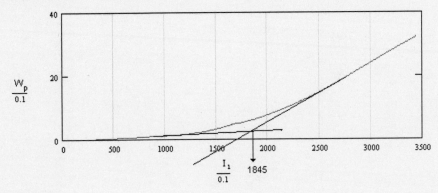

Fonte: o autor

O comportamento das deformações nesse ensaio foi semelhante ao da amostra anterior, entretanto os valores obtidos foram bem mais altos. Isso ocorreu devido à reutilização da amostra A9321V, que apresenta deformações residuais do primeiro ensaio não levadas em consideração no ensaio posterior. A Figura 4.81 mostra os resultados obtidos para as deformações volumétricas e desviadoras para a amostra A9138V.

Na medição de velocidade de ondas P e S, obteve-se um pequeno patamar para a região de colapso de poros, atingindo-se logo o seu final. Para valores menores de k, ou seja, trajetórias de tensões mais próximas dos ensaios oedométricos, a região de colapso fica mais estreita, apresentando, portanto, pouca percepção do patamar de queda de velocidade das ondas nas curvas. O primeiro descarregamento ficou por cima da linha de carregamento, pois ele foi realizado bem antes do início da tensão de colapso. Como o segundo descarregamento ficou muito próximo ao início da região de colapso, ficou ligeiramente acima da linha de carregamento, quase coincidindo com a mesma. A Figura 4.82 mostra os resultados obtidos.

Figura 4.81 – Deformações obtidas no ensaio para amostra A9138V

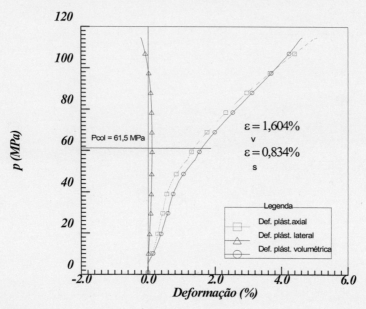

Fonte: o autor

Figura 4.82 – Velocidade de ondas P (v_p) e S (v_s) ao longo do ensaio para amostra A9138V

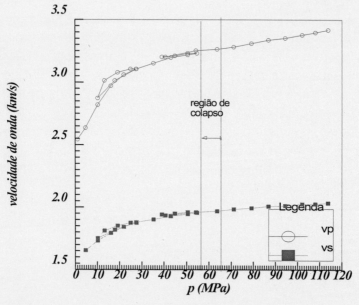

Fonte: o autor

4.4.1.3.4 Ensaio com a Amostra A9135V

O ensaio para amostra A9135V foi do tipo oedométrico, no qual a deformação lateral é nula, apresentando um k = 0,3 na fase linear. Foram feitas medidas de velocidade de ondas P e S, de permeabilidade e um descarregamento na região de colapso. A Figura 4.83 mostra o gráfico p, q e permeabilidade *vs.* deformação volumétrica. Mais uma vez se verifica que, na curva da tensão média (p), a região de escoamento não é muito nítida. Entretanto, na curva da tensão desviadora (q), ela fica bastante clara. Na curva de permeabilidade, como nos demais casos, houve uma queda acentuada no início do ensaio. No descarregamento a permeabilidade apresentou um comportamento instável, de recuperação e queda, provavelmente pelo fato de o descarregamento ter ocorrido na região de colapso. Entretanto, após o descarregamento, a curva tomou uma trajetória mais ou menos sequencial com a trajetória anterior ao descarregamento.

A Figura 4.84 apresenta as deformações volumétricas plástica obtidas e a Figura 4.85, o trabalho plástico realizado *vs.* primeiro invariante. Na curva do trabalho plástico o ponto de interseção encontrado delimita nitidamente dois patamares diferentes de trabalho plástico realizado, definindo com uma precisão muito maior a tensão de colapso do que se fosse feita pela curva de tensão média.

Para esse tipo de ensaio, a deformação lateral é nula, com isso as deformações axiais e volumétricas são iguais. A Figura 4.86 mostra os resultados obtidos para as deformações volumétricas e desviadoras.

Para a medição de velocidade de ondas P e S, conseguiu-se definir um patamar, no qual a velocidade da onda S permaneceu constante, porém sem uma redução absoluta da velocidade, logo se atingindo o final da região de colapso de poros. O descarregamento foi realizado logo após o início da tensão de colapso, ocorrendo logo abaixo da linha de carregamento. A Figura 4.87 mostra o gráfico obtido.

Figura 4.83 – Ensaio da amostra A9135V – p e q *vs.* deformação volumétrica

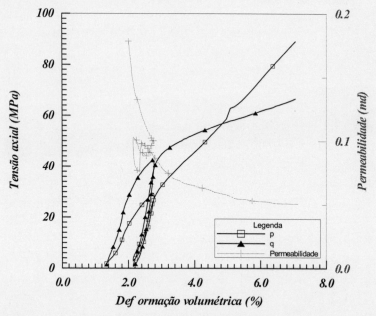

Fonte: o autor

Figura 4.84 – Deformação volumétrica plástica obtida para amostra A9135V

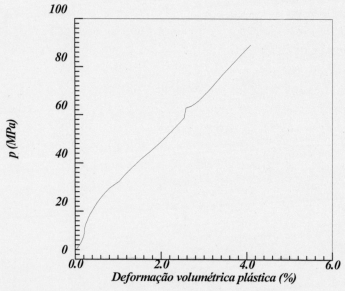

Fonte: o autor

Figura 4.85 – Trabalho plástico *vs.* primeiro invariante adimensional para amostra A9135V

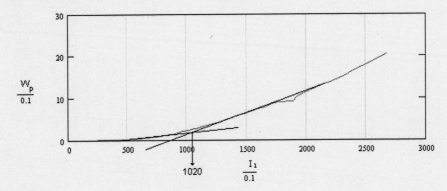

Fonte: o autor

Figura 4.86 – Deformações obtidas no ensaio para amostra A9135V

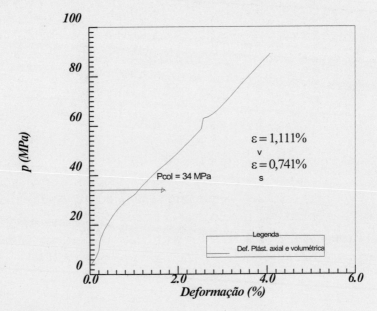

Fonte: o autor

Figura 4.87 – Velocidades de ondas P (v_p) e S (v_s) ao longo do ensaio para amostra A9135V

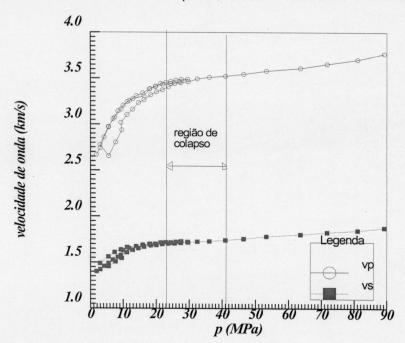

Fonte: o autor

4.4.1.3.5 Curva de Fechamento

Para a obtenção dos pontos e trajetórias da curva de fechamento de 24% foram utilizados os quatro ensaios das três amostras disponíveis. A Tabela 4.11 e Tabela 4.12 apresentam um resumo dos resultados obtidos nos ensaios mecânicos e as medições de velocidade de ondas P e S.

A Figura 4.88 mostra as trajetórias de tensões obtidas nos ensaios e as tensões que definem a região de colapso a porosidade de 24%.

ENSAIOS EXPERIMENTAIS PARA DEFINIÇÃO DO MODELO DE CAP – COLAPSO DE POROS

Tabela 4.11 – Resultado das tensões de colapso de poros nos ensaios para a porosidade de 24%

CP	Porosidade (%)	$K(s_3/s_1)$	p (colapso) (MPa)	q (colapso) (MPa)	W_p/P_a (colapso) (adimensional
A9321V	23,4	1,0	97,0*	0	2 910
A9321V	23,4	0,4	60,0	59,7	1 800
A9138V	24,0	0,4	61,5	58,7	1 845
A9135V	23,2	0,3	34,0	46,1	1 020

* extrapolado

Fonte: o autor.

Tabela 4.12 – Deformações medidas e tensões de colapso a partir da velocidade de ondas

CP	e_v (%)	e_s (%)	p (Início região de colapso) (MPa)	q Início região de colapso) (MPa)	p (Final região de colapso) (MPa)	q (Final região de colapso) (MPa)
A9321V	0,633	0,118	-	-	-	-
A9321V	0,389	0,175	-	-	-	-
A9138V	1,604	0,834	56,0	54,8	65,5	62,6
A9135V	1,111	0,741	23,0	36,0	48,5	53,8

Fonte: o autor

Figura 4.88 – Pontos da curva de fechamento dos ensaios de porosidade média de 24%

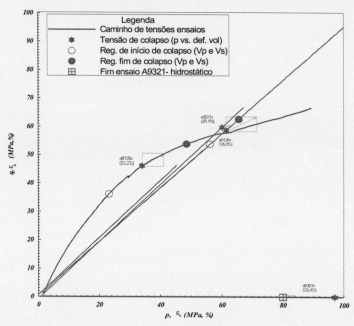

Fonte: o autor

Foram adotados os mesmos símbolos das demais porosidades. A distribuição dos pontos não ficou tão bem definida quanto as demais porosidades.

O ensaio com a amostra A9321V, com k = 0,4, teve um resultado muito próximo da amostra A9138V, de mesma trajetória, mostrando que a reutilização da amostra, pelo menos quanto à obtenção da tensão de colapso, foi válida.

O ponto marcado com o quadrado representa, na Figura 4.88, o final do ensaio da amostra A9321V, ou seja, a parte realmente medida. Para efeito da curva de fechamento, adotou-se o ponto extrapolado no ensaio.

O ensaio com a amostra A9135V ficou completamente fora da faixa esperada. A sua trajetória e tensão de colapso obtidas estariam compatíveis para uma porosidade entre 31 e 27%. Fez-se uma correlação com as velocidades de ondas S, no início da região de colapso de poros, com a porosidade para todos os ensaios em que foram feitas medições de velocidade de ondas. Verificou-se que a velocidade de onda S, na tensão de colapso da amostra A9135V, não estava compatível com sua porosidade. A Figura 4.89 mostra o gráfico obtido.

Figura 4.89 – Porosidade *vs.* **v$_s$ considerando todos os ensaios**

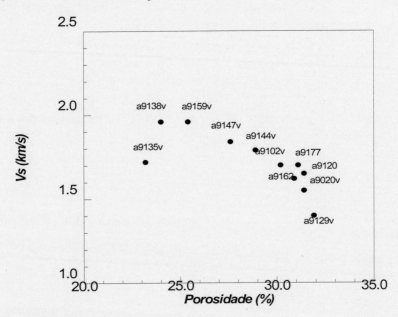

Fonte: o autor

Devido a essa dúvida, a amostra A9135V foi colocada em uma estufa a 60°C, até que o seu peso seco estivesse estabilizado. Logo em seguida ela foi posta para ser saturada com óleo Unipar, utilizado para os ensaios. Durante a saturação, a amostra foi sendo pesada até a sua estabilização. Conhecido o volume da amostra, o peso do óleo saturante e sua densidade, foi possível verificar o volume poroso da amostra. Esse procedimento é adotado quando se deseja verificar a porosidade de uma amostra. A porosidade obtida foi de 25%. Se levarmos em consideração que a amostra havia sido ensaiada e obtida uma deformação plástica volumétrica de 4% ao fim do ensaio, verifica-se que o valor de 23,2%, relatado pela petrografia como valor de porosidade para a amostra, se encontrava equivocado.

Por meio de uma retroanálise dos ensaios mecânicos e medições de velocidades de ondas S, conseguiu-se chegar ao resultado de porosidade obtido pelo método adotado pelo laboratório, adicionando-se a deformação volumétrica sofrida pela amostra. Os valores estariam entre 29 e 30%. A retroanálise mostrou mais uma vez que a tensão de colapso de poros ocorre em função da porosidade, podendo ser obtida por meio de ensaios mecânicos e/ou dinâmicos (velocidade ondas P e S).

A análise da associação da tensão com a deformação, nessa porosidade, ficou restrita a apenas dois ensaios: o ensaio hidrostático com a amostra A9321V e o ensaio com a amostra A9138V. No ensaio hidrostático, a obtenção de deformações desviadoras mostrou que sua ocorrência pode ser mais comum do que se imaginava. Se for assumida uma lei de escoamento associada, o início da curva de fechamento não é normal ao eixo p. A Figura 4.90 mostra o gráfico obtido da associação das deformações com as tensões obtidas e a curva de fechamento, adotando-se o mesmo procedimento das curvas anteriores.

A obtenção da envoltória de ruptura seria importante para verificar a influência da porosidade.

Figura 4.90 – Deformações associadas às tensões dos ensaios com porosidade média de 24%

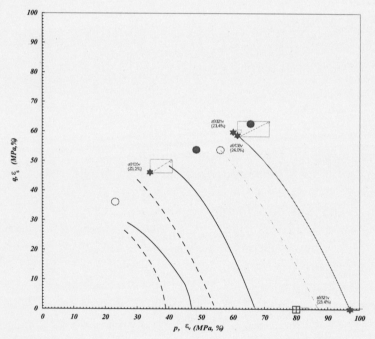

Fonte: o autor

ENSAIOS EXPERIMENTAIS PARA DEFINIÇÃO DO MODELO DE CAP – COLAPSO DE POROS

4.4.1.4 Pontos para a Curva de Fechamento para Porosidade de 20%

Estes ensaios foram os primeiros a serem realizados e os seus resultados mostrados no capítulo anterior. Nestes ensaios não foram feitas medições de permeabilidade, por se tratar de amostras não representativas da zona produtora (amostras muito fechadas), e de velocidade de ondas P e S, utilizando os novos conceitos para definição da tensão de colapso de poros e os novos parâmetros p e q.

Os resultados desses ensaios serão apresentados usando-se as novas condições assumidas no início deste capítulo. A Tabela 4.13 mostra os valores de colapso de poros obtidos pela nova metodologia, e a Tabela 4.14 o resultado dos ensaios triaxiais, com o novo valor da tensão de escoamento para o ensaio com pressão confinante de 60 MPa.

Tabela 4.13 – Ensaios para tensão de colapso de poros para a porosidade de 20%

CP	Porosidade (%)	$K (s_3/s_1)$	p (colapso) (MPa)	q (colapso) (MPa)	W_p/P_a (colapso) (adimensional)
02	17,2	0,3	79,0	107,2	2 370
05	20,0	0,3	88,0	117,2	2 640
07	22,3	0,4	92,0	93,2	2 760
08	20,0	0,4	99,0	98,2	2 970
08	20,0	0,6	109,2	109,2	3 270

Fonte: o autor

Tabela 4.14 – Ensaios triaxiais para envoltória de ruptura para a porosidade de 20%

CP	Porosidade (%)	p (escoamento) (MPa)	q (escoamento) (MPa)	p (cisalhamento) (MPa	q (cisalhamento) (MPa	W_p/P_a (colapso) (adimensional)
01	17,8	-	-	58,2	114,7	-
04	16,3	105,0	135,2	124,2	192,7	3 150
09	20,0	-	-	22,5	52,6	-

Fonte: o autor

4.4.1.4.1 Ensaios com a Amostra 02

O ensaio com a amostra 02 foi oedométrico. A Figura 4.91 apresenta o gráfico p e q *vs.* deformação volumétrica. Observa-se, mais uma vez, que na curva de p não se consegue distinguir com nitidez a região de escoamento. Já na curva de q, a região de escoamento é nítida.

Na Figura 4.92 pode ser vista a deformação volumétrica plástica obtida, e na Figura 4.93 o trabalho plástico realizado *vs.* o primeiro invariante. Na curva de trabalho plástico o ponto de interseção define bem o início da região de colapso. A Figura 4.94 mostra as deformações volumétricas plásticas obtidas. Como o ensaio foi realizado na condição oedométrica, a deformação volumétrica é igual a deformação axial.

Figura 4.91 – Ensaio da Amostra 02 – p e q *vs.* deformação volumétrica

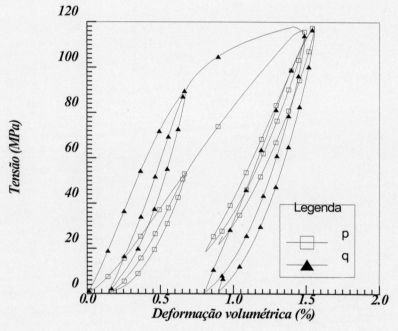

Fonte: o autor

Figura 4.92 – Deformação volumétrica plástica obtida para amostra 02

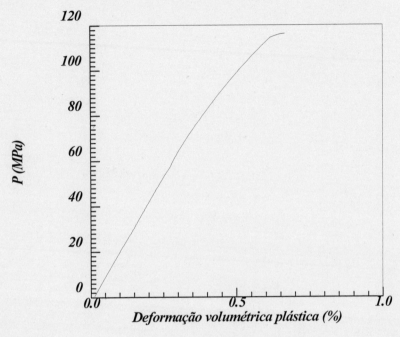

Fonte: o autor

Figura 4.93 – Trabalho realizado *vs.* primeiro invariante adimensional para amostra 02

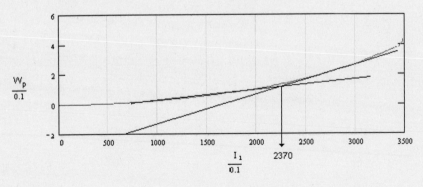

Fonte: o autor

Figura 4.94 – Deformações obtidas no ensaio para amostra 02

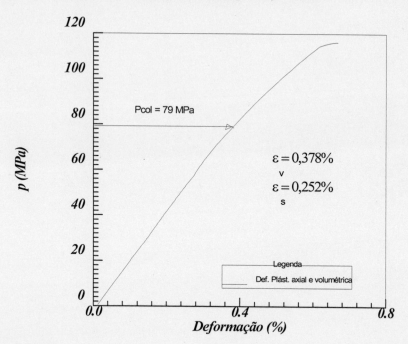

Fonte: o autor

4.4.1.4.2 Ensaios com a Amostra 05

O ensaio com a amostra 05 também foi realizado em condições oedométricas. A Figura 4.95 apresenta o gráfico p e q *vs.* deformação volumétrica; a Figura 4.96, a deformação volumétrica plástica obtida; a Figura 4.97, o trabalho plástico realizado *vs.* o primeiro invariante. A Figura 4.98 mostra as deformações volumétricas e desviadoras obtidas.

Figura 4.95 – Ensaio da Amostra 05 – p e q *vs.* deformação volumétrica

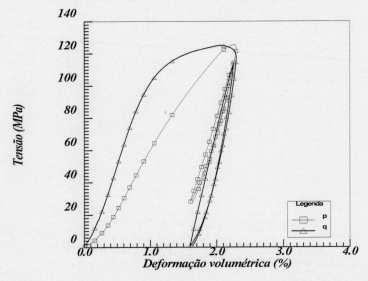

Fonte: o autor

Figura 4.96 – Deformação volumétrica plástica obtida para amostra 05

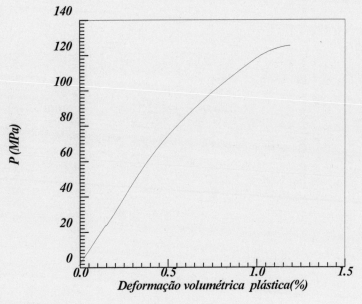

Fonte: o autor

Figura 4.97 – Trabalho plástico *vs.* primeiro invariante adimensional para amostra 05

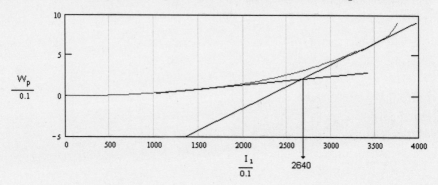

Fonte: o autor

Figura 4.98 – Deformações obtidas no ensaio para amostra 05

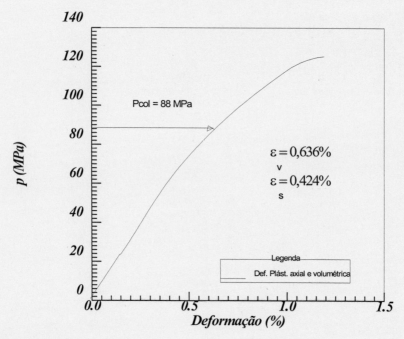

Fonte: o autor

4.4.1.4.3 Ensaios com a Amostra 07

O ensaio com a amostra 07 foi um dos primeiros ensaios realizados, não tendo sido feito nenhum descarregamento. A Figura 4.99 apresenta o gráfico p e q vs. deformação volumétrica obtida. Os valores de p e q estão muito próximos devido à trajetória de tensões seguida pelo ensaio (k = 0,4). Sem descarregamento, não foi possível calcular as deformações volumétricas plásticas. Como consequência, decidiu-se trabalhar, excepcionalmente para esta amostra, com tensões totais, para não se perderem as informações para a obtenção de um ponto da curva de fechamento. Por esse motivo, não se poderá obter os gráficos das deformações plásticas. A Figura 4.100 apresenta a deformação volumétrica total obtida, e a Figura 4.101 o trabalho plástico total realizado, desta vez, a partir do gráfico da deformação volumétrica total vs. o primeiro invariante.

Figura 4.99 – Ensaio da Amostra 07 – p e q vs. deformação volumétrica

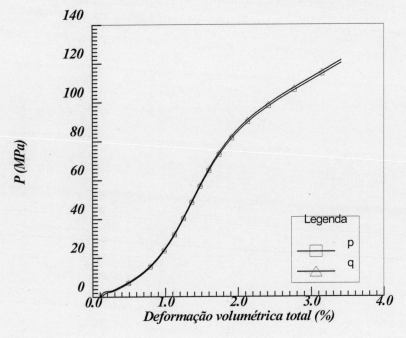

Fonte: o autor

Figura 4.100 – Deformação volumétrica total obtida para amostra 07

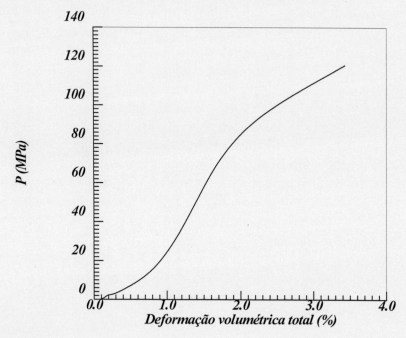

Fonte: o autor

Figura 4.101 – Trabalho plástico *vs.* primeiro invariante adimensional para amostra 07

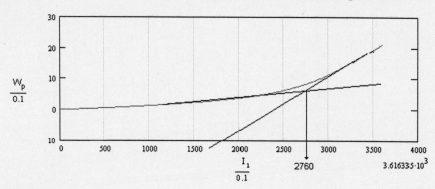

Fonte: o autor

4.4.1.4.4 Ensaio com a Amostra 08 – k = 0,6

A amostra 08 produziu três ensaios. O primeiro ensaio foi realizado em condições hidrostáticas, não atingindo a pressão de colapso, por haver sido atingido o limite máximo do equipamento geomecânico. Realizou-se então um ensaio com trajetória de tensões com k = 0,6. Neste ensaio, a tensão de colapso apenas iniciou o processo de colapso. Decidiu-se então realizar um terceiro ensaio com o valor de k = 0,4. Os resultados são mostrados no capítulo anterior, sendo mostradas somente as modificações neste capítulo.

A Figura 4.102 apresenta o gráfico p e q *vs.* deformação volumétrica para o ensaio da amostra 08 com k = 0,6. Observa-se, nessa figura, que o ensaio havia iniciado a curvatura para configurar a tensão de colapso, com o término do trecho linear. Para tentar obter-se um ponto mais próximo da tensão de colapso, foi feita uma extrapolação no gráfico p *vs.* deformação volumétrica, nos mesmos moldes da amostra A9321V, conforme pode ser visto na Figura 4.103. A Figura 4.104 mostra o gráfico do trabalho plástico *vs.* primeiro invariante adimensional, e a Figura 4.105 as deformações volumétricas e desviadoras, considerando apenas os pontos obtidos no ensaio. Os valores de deformações encontrados são baixos, em função de ser uma segunda reutilização da amostra.

Figura 4.102 – Ensaio da Amostra 08 – p e q *vs.* deformação volumétrica – k = 0,6

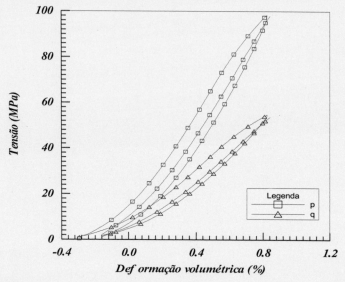

Fonte: o autor

Figura 4.103 – Deformação volumétrica plástica extrapolada obtida para amostra 08 – k=0,6

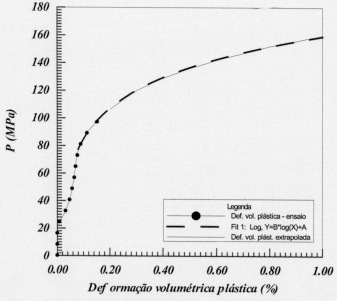

Fonte: o autor

Figura 4.104 – Trabalho realizado *vs.* primeiro invariante adimensional – amostra 08 – k=0,6

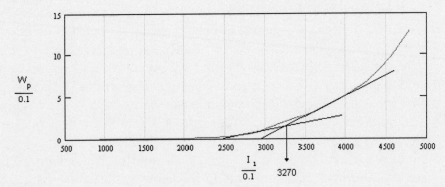

Fonte: o autor

Figura 4.105 – Deformações obtidas no ensaio para amostra 08 – k=0,6

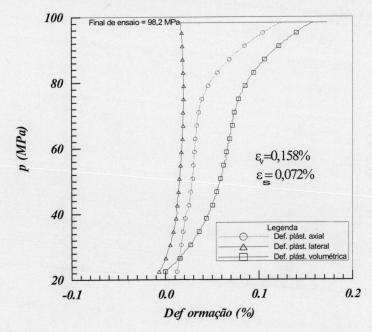

Fonte: o autor

4.4.1.4.5 Ensaio com a Amostra 08 – k = 0,4

O ensaio com a trajetória de k igual a 0,4 foi o terceiro ensaio com a amostra 08. Neste ensaio, a tensão de colapso de poros ficou bem definida, conforme pode ser visto na Figura 4.106, onde é apresentado o gráfico p e q *vs.* deformação volumétrica. Mais uma vez se verifica que os valores de p são muito próximos do valor de q para esta trajetória de tensões. Na Figura 4.107 é apresentada a deformação volumétrica plástica e na Figura 4.108, o gráfico trabalho plástico realizado. A Figura 4.109 mostra as deformações volumétricas e desviadoras obtidas. Os valores de deformações encontrados são baixos, em função da reutilização da amostra. No entanto, pode se verificar o comportamento dilatante da deformação lateral em função da trajetória, que sofre uma maior influência da componente desviadora.

Figura 4.106 – Ensaio da Amostra 08 – p e q *vs.* **deformação volumétrica – k = 0,4**

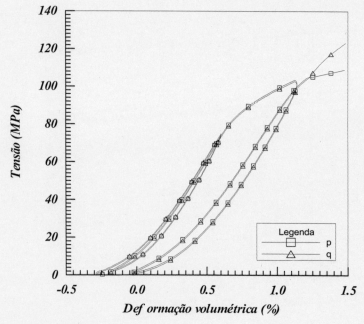

Fonte: o autor

Figura 4.107 – Deformação volumétrica plástica obtida para amostra 08 – k=0,4

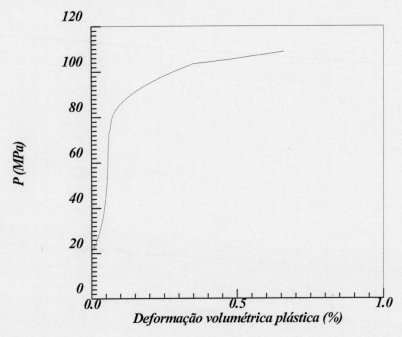

Fonte: o autor

Figura 4.108 – Trabalho plástico *vs.* primeiro invariante adimensional para amostra 08 – k=0,4

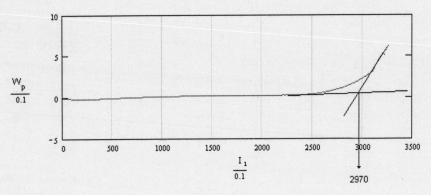

Fonte: o autor

Figura 4.109 – Deformações obtidas no ensaio para amostra 08 – k=0,4

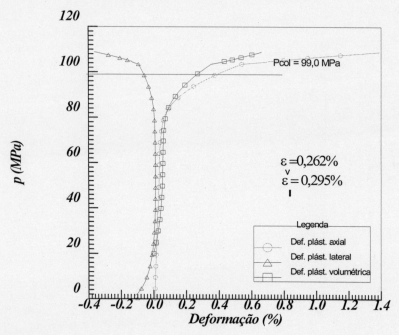

Fonte: o autor

4.4.1.4.6 Ensaios Triaxiais

Para os ensaios triaxiais, a obtenção da envoltória de ruptura não apresentou nenhuma diferença daquela mostrada no capítulo 4. Entretanto, verificou-se que amostra 04 entrou em escoamento, não havendo um critério para a identificação do ponto de escoamento, no qual a amostra estaria, no ensaio, atravessando a região da curva de fechamento. O procedimento adotado será o mesmo do cálculo do trabalho plástico realizado. A Figura 4.110 apresenta o gráfico p e q *vs.* deformação volumétrica obtida no ensaio da amostra 04; a Figura 4.111, a deformação volumétrica plástica; e a Figura 4.112, o gráfico do trabalho plástico realizado.

Figura 4.110 – Gráfico p e q *vs.* deformação volumétrica para ensaio da amostra 04 – ensaio triaxial com 60 MPa de pressão confinante

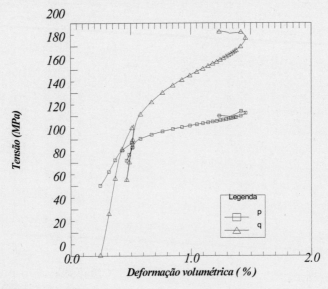

Fonte: o autor

Figura 4.111 – Deformação volumétrica plástica obtida para a amostra 04 com 60 MPa de pressão confinante

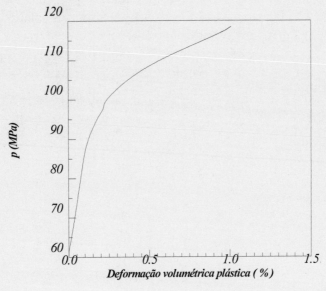

Fonte: o autor

Figura 4.112 – Trabalho plástico *vs.* primeiro invariante adimensionais para amostra 04 – ensaio triaxial com 60 MPa de pressão confinante

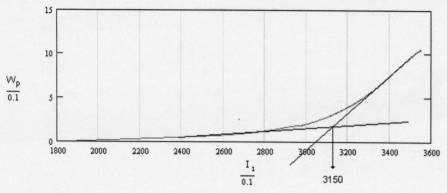

Fonte: o autor

4.4.1.4.7 Curva de Fechamento

Definidos todos os pontos de tensões de colapso e de rupturas por cisalhamento, foi obtida, finalmente, uma curva completa com a envoltória de ruptura e sua respectiva curva de fechamento. A Figura 4.113 mostra os pontos obtidos para a curva de fechamento para a porosidade de 20%. A diferença para os pontos apresentados anteriormente está nos novos parâmetros p e q adotados e na nova metodologia utilizada, por meio do trabalho plástico realizado, para a verificação da tensão de colapso de poros e de escoamento, que pôde ser utilizada também no ensaio triaxial, quando atravessou o início da região de colapso. Pontos próximos ao eixo p, trajetória hidrostática, não puderam ser obtidos, por se atingir o limite de carga do equipamento geomecânico, conforme visto no capítulo 3.

Figura 4.113 – Pontos da curva de fechamento e envoltória de ruptura – porosidade média de 20%

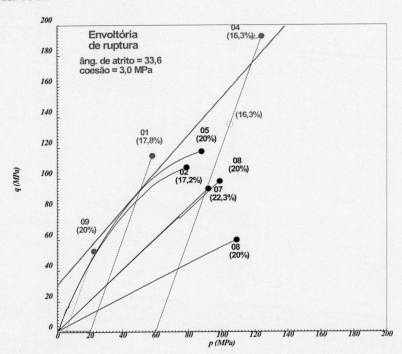

Fonte: o autor

O ensaio triaxial com o CP 04, mostra que a trajetória atravessa a curva de fechamento, entrando em escoamento. O ponto marcado em círculo na trajetória de tensão do CP 04, cujo valor de p igual a 108 MPa, representa um ponto da curva de fechamento para a porosidade de 16%.

Para a obtenção da curva de fechamento utilizou-se uma curva parabólica, como as demais, na qual os vetores de deformações de cada ponto, onde foi possível suas obtenções, mais se aproximasse à condição de normalidade (Figura 4.114).

A análise das deformações com a amostra 08 ficou prejudicada devido às reutilizações da amostra. No entanto, a extrapolação da trajetória com k de 0,6 foi importante devido à falta de resultados próximos ao eixo p.

As envoltórias para as demais porosidades completariam o conjunto de curvas para a formação da zona produtora do campo C. A Figura 4.114 mostra a curva de fechamento obtida para a envoltória de ruptura da porosidade de 20% em conjunto com as curvas das demais porosidades.

Figura 4.114 – Deformações associadas às tensões dos ensaios com porosidade média de 20%

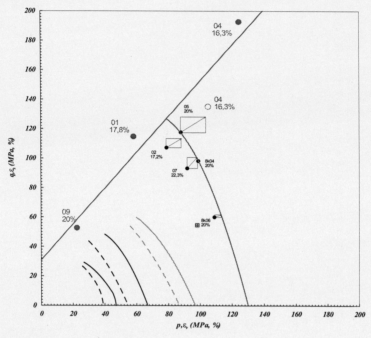

Fonte: o autor

Com a obtenção das curvas de fechamento para as porosidades disponíveis, o trabalho de caracterização da rocha reservatório ficou completo, apesar de não se dispor das envoltórias de rupturas de cada curva de fechamento. No entanto, as envoltórias de rupturas não eram importantes na análise que foi feita para as trajetórias de tensão devido à produção de óleo.

A seguir será feita uma análise para colapso de poros para o campo C, utilizando a metodologia aqui apresentada, usando-se trajetórias propostas para o campo.

4.5 APLICAÇÃO DA METODOLOGIA PROPOSTA AO CAMPO C DA BACIA DE CAMPOS

4.5.1 Tensões e Trajetórias para o Reservatório

Para se verificar as trajetórias a serem seguidas pelo reservatório, o primeiro passo fundamental é a obtenção das tensões originais. Normalmente as pressões estáticas de reservatório e as tensões de verticais são conhecidas. As tensões horizontais, na maioria das vezes, não têm os seus valores conhecidos.

A Tabela 4.15 apresenta os valores do estado de tensão original levantados, para o campo C, antes de se iniciar a produção.

Tabela 4.15 – Estado de tensão original obtido para o campo C

s_v (MPa	s_h (MPa	pp (MPa	s'_v (MPa	s'_h (MPa)	p' (MPa)	q' (MPa)
64,5	41,4	32,4	32,1	9,0	16,7	23,1

Fonte: o autor

4.5.2 Trajetória de Tensões

Não existe um acompanhamento das trajetórias de tensões no campo. Em geral a literatura (GEERTSMA, 1966) recomenda que se utilize a trajetória uniaxial de deformação, ou seja, por ter o reservatório continuidade lateral, só se deforma na direção vertical. Devido à inexistência de dados, será adotado esse modelo de trajetória para o campo C. Cabe salientar que com a utilização do fechamento de envoltória de ruptura, para definição das tensões de colapso de poros, desenvolvida neste trabalho, pode-se introduzir qualquer tipo de trajetória desejada, o que não era possível com a metodologia anterior.

Para a obtenção da trajetória de tensões do reservatório, foram traçadas, a partir do estado de tensão original, trajetórias paralelas às obtidas nos ensaios de deformação uniaxial (oedométricos). Para a porosidade de 31%, a trajetória foi coincidente com a do ensaio. A Figura 4.115 mostra a trajetória obtida a partir dos ensaios de deformação uniaxial.

Figura 4.115 – Trajetória de tensões assumidas devido a produção de óleo no reservatório

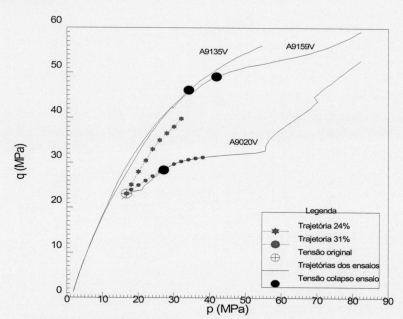

Fonte: o autor

A figura mostra as trajetórias de tensões-limite, para os intervalos produtores de óleo do reservatório do campo C, entre as porosidades de 24 e 31%. As demais porosidades terão trajetórias intermediárias entre as duas apresentadas na figura. Como as trajetórias são funções da porosidade, quanto mais heterogêneo for o reservatório, maior será a variação das tensões horizontais, numa mesma formação, com a ocorrência de várias trajetórias.

A partir das trajetórias de tensões obtidas e conhecido o estado de tensão original, pode-se originar uma tabela com o estado de tensão referido a uma determinada pressão de poros, verificando se o reservatório irá ou não alcançar a tensão de colapso. A Tabela 4.16 e a Tabela 4.17 apresentam as tensões efetivas impostas ao reservatório devido a redução da poropressão, prevista por simulação pela engenharia de reservatório do campo, para as porosidades de 31 e 24%, respectivamente.

ENSAIOS EXPERIMENTAIS PARA DEFINIÇÃO DO MODELO DE CAP – COLAPSO DE POROS

Tabela 4. 16 – Estado de tensão para trajetória de 31%

s_v (MPa	s_h (MPa	pp (MPa	s'_v (MPa	s'_h (MPa)	p' (MPa)	q' (MPa)
64,5	41,4	32,5	32,1	9,0	16,7	23,1
64,5	40,5	30,5	34,0	10,0	18,0	24,0
64,5	39,5	27,8	36,7	11,7	20,0	25,0
64,5	38,5	25,2	39,3	13,3	22,0	26,0
64,5	37,5	22,5	42,0	15,0	24,0	27,0
64,5	36,5	19,8	44,7	16,7	26,0	28,0
64,5	35,7	17,3	47,2	18,4	28,0	28,8
64,5	34,8	14,7	49,8	20,1	30,0	29,7
64,5	34,2	12,3	52,2	21,9	32,0	30,3
64,5	33,8	10,0	54,5	23,8	34,0	30,7
64,5	33,5	7,8	56,7	25,7	36,0	31,0
64,5	33,5	5,7	58,8	27,6	38,0	31,2

Fonte: o autor

Tabela 4. 17 – Estado de tensão para trajetória de 24%

s_v (MPa	s_h (MPa	pp (MPa	s'_v (MPa	s'_h (MPa)	p' (MPa)	q' (MPa)
64,5	41,4	32,5	32,1	9,0	16,7	23,1
64,5	39,4	29,8	34,7	9,6	18,0	25,1
64,5	36,5	25,8	38,7	10,7	20,0	28,0
64,5	34,0	22,1	42,4	11,9	22,1	30,5
64,5	31,5	18,5	46,0	13,0	24,0	33,0
64,5	29,5	15,2	49,3	14,3	26,0	35,0
64,5	28,0	12,2	52,3	15,8	28,0	36,5
64,5	26,5	9,2	55,3	17,3	30,0	38,8
64,5	24,7	6,0	58,5	18,7	32,0	39,8

Fonte: o autor

4.5.3 Verificação das Possibilidades de Colapso de Poros

Uma vez obtidas as curvas de fechamento e as trajetórias a serem seguidas pelo reservatório devido à produção de óleo, pode-se fazer uma análise da possibilidade de ocorrência de colapso de poros na rocha-reservatório.

Para verificação dessa possibilidade, são necessários dois tipos de análise: uma na parede do poço e sua vizinhança, onde se espera que haja uma queda maior da pressão de poros; outra no reservatório, longe da parede do poço, onde a queda da pressão de poros é menos acentuada.

4.5.3.1 No Reservatório

Para a produção do campo C, foram perfurados poços multilaterais horizontais com grande extensão, com previsão de produção de óleo com manutenção da capa de gás. Está previsto que não haverá uma queda muito grande na pressão estática do reservatório, longe da parede do poço. Esse tipo de completação é ideal para campos com probabilidade de ocorrência de colapso de poros: manutenção da pressão estática com pequena queda ao longo da vida produtiva. Segundo as simulações feitas pela engenharia de reservatório, a pressão estática ao final da vida produtiva do campo estará em torno de 27,0 MPa (276 kg/cm²). A pressão original, conforme visto anteriormente, era de 32,4 MPa (330 kg/cm²).

Conhecidos o estado inicial e final das tensões no reservatório e a trajetória de tensões, pode ser verificado se as tensões de colapso de poros serão atingidas devido à produção de óleo. Na Figura 4.116 foram traçadas as curvas de fechamento para as porosidades de 24 e 31%, as trajetórias de tensões seguidas pelo reservatório, devido à produção e os pontos de início e fim de produção, marcados em círculos nas trajetórias de tensão.

Conforme pode ser verificado, longe da parede do poço, não serão atingidas as curvas de fechamento, e por conseguinte não se alcançarão as tensões de colapso de poros, caso a queda de pressão seja aquela prevista pelo simulador. Isso significa dizer que durante a fase produtiva do campo este sofrerá pequenas deformações plásticas, além das deformações elásticas.

Figura 4.116 – Trajetória seguida pelo reservatório longe da parede do poço

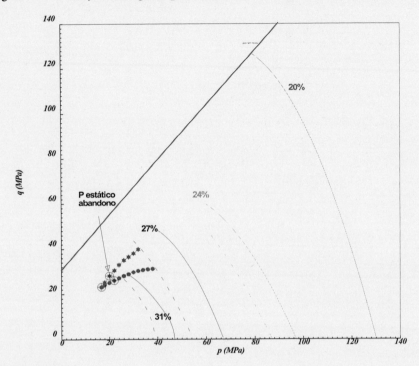

Fonte: o autor

Ainda que as tensões de colapso não sejam atingidas, os ensaios demonstraram que a permeabilidade não é constante, mesmo na fase linear. Mesmo nesse caso em que a tensão de colapso de poros não for atingida, considerar a permeabilidade constante pode levar a erros na estimativa de volume de óleo a ser produzido ao longo da vida produtiva do campo, levando a estudos de viabilidade econômica irreais.

4.5.3.2 Na Parede do Poço

A perfuração leva a uma alteração do estado de tensão original na parede do poço e sua vizinhança. Durante a fase de produção a maior queda de pressão ocorre justamente na parede do poço, tornando essa região como o local mais crítico para a ocorrência do colapso de poros.

Pode se prever, em estudos de estabilidade de poços, a mudança do estado de tensão, na parede do poço, devido à concentração de esforços impostos na perfuração. Entretanto, os dados de perfuração não estavam disponíveis. Neste trabalho, será feita uma avaliação não levando em consideração a mudança do estado de tensão devido a perfuração.

As simulações feitas pela engenharia de reservatórios preveem, logo no início da produção do campo, que a pressão na parede do poço (p_{wf}) será de 14,9 MPa (152 kg/cm^2). Nos primeiros anos de produção, haverá uma queda acentuada da pressão na parede do poço, estabilizando em 4,9MPa (50 kg/cm^2), sendo esta a pressão na parede do poço de abandono do campo.

A Figura 4.117 apresenta as trajetórias de tensões previstas para a parede do poço sem levar em consideração a alteração do estado de tensão provocado pela perfuração.

Figura 4.117 – Trajetória de tensões na parede do poço sem considerar a concentração de tensões na parede do poço pela perfuração

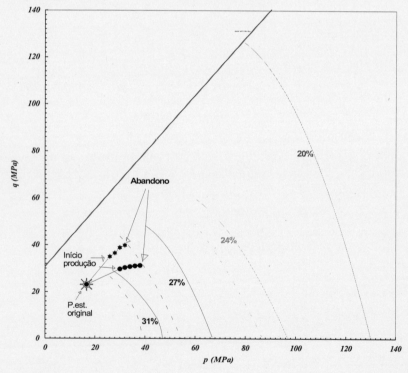

Fonte: o autor

Pela Figura 4.117, observa-se que, para iniciar a produção, para a porosidade de 31%, a pressão na parede do poço tem de ser tal que o estado de tensão na rocha ultrapassa a curva de fechamento. Como o diferencial de pressão inicial é muito alto para colocar o poço em produção, a trajetória de tensões para as porosidades mais altas (curva com círculos cheios) entra na região de colapso de poros. Já a trajetória de tensões para as porosidades mais baixas (curva com estrela cheia) não atinge a curva de fechamento, ficando abaixo da tensão de colapso de poros.

Conclui-se que, na parede do poço, as rochas de porosidades mais altas, 31 e 30%, atingem a região de colapso, a partir do início da vida produtiva do campo. As porosidades de 29 e 28% irão atingir ao longo da vida produtiva do campo. À medida que a porosidade for diminuindo, as trajetórias de tensões irão se afastando da região de colapso de poros, sem atingi-la.

Espera-se que quanto maior a porosidade da rocha, maior seja a sua contribuição para o fluxo de óleo. Uma vez que essas porosidades entrem em colapso, uma parcela importante de fluxo pode ser perdida. A quantificação do dano foi desenvolvida em Soares (2007). Entretanto, a título de ilustração, Salamy (1999) apresentou um estudo para reservatórios de carbonatos de baixa resistência, onde mostra que, para o reservatório de Shu' Aiba, a baixas vazões (baixos diferenciais de pressão) ocorreria pequeno dano, a não ser que a pressão do reservatório caísse significativamente (maiores diferenciais de pressão para produção). É exatamente o que se espera para as porosidades mais altas do campo C da bacia de Campos.

A área de interesse, do ponto de vista do reservatório, é verificar, a partir da trajetória de tensão, se, ao longo da vida produtiva do campo, o reservatório irá atingir as curvas de fechamento, ocorrendo o colapso da estrutura por esmagamento por meio de uma deformação plástica permanente. Com a implementação dessa nova metodologia, pode ser feita uma análise de trajetória de tensões, tanto na parede do poço como longe da mesma, por modelagens computacionais, baseados em ensaios de laboratórios e de medições das tensões *in situ*.

Um segundo aspecto muito importante para o reservatório seria, uma vez definido o caminho de tensões no reservatório, verificar qual o seu efeito na permeabilidade. Rhett (1992) relata experiências em que a permeabilidade sofre influências diversas de acordo com a trajetória de tensões.

As pressões na parede do poço foram obtidas a partir de simulações feitas pela engenharia de reservatórios. Esses simuladores computacionais ainda não levam em consideração a variação da permeabilidade da formação devido à variação do estado de tensão ocasionado pela perfuração e produção do campo. Como foi visto ao longo deste trabalho, a variação do estado de tensão provoca deformações na rocha-reservatório, alterando as condições de *"transmissibilidade"*. Se essas condições não são levadas em consideração, pode-se estar cometendo erros tanto maiores, quanto maior for a deformação do meio. O ideal seria que a estimativa de produção fosse realizada por um simulador computacional que estimasse a produção levando em conta a variação do estado de tensão e suas consequências sobre a permeabilidade, a fim de reproduzir, pelo menos para os calcários e outras rochas dúcteis, o comportamento do reservatório com maior precisão.

Outro aspecto importante mostrado neste capítulo é que, mesmo sem atingir a tensão de colapso de poros, o reservatório está sujeito a deformações plásticas, o que significa dizer que a permeabilidade não é constante ao longo de toda a sua vida produtiva. Os capítulos anteriores, nos estudos para o campo B da Bacia de Campos e campos da Bacia de Santos, demonstraram bem esse ponto.

Com a obtenção desses resultados, o objetivo final deste trabalho foi alcançado com pleno êxito. A metodologia de ensaios para avaliação de colapso poros por meio de curvas de fechamento da envoltória de ruptura mostrou ser um avanço em relação à metodologia utilizada anteriormente, abrindo novas perspectivas de estudos relativos a danos mecânicos provocados nos reservatórios. Soares (2007) fez a implementação de um modelo computacional que representa bem esse comportamento.

Neste trabalho realizaram-se estudos experimentais sobre avaliação de colapso de poros, em reservatórios de petróleo em formações calcárias, obtidos mediante ensaios em amostras de rochas-reservatório.

5

CONCLUSÕES

5.1 CONTRIBUIÇÕES DESTE TRABALHO

Neste trabalho foi desenvolvido um procedimento de ensaios para obtenção da tensão de colapso de poros a partir das trajetórias de tensões seguidas pelo reservatório. À medida que se produz o óleo, a pressão estática diminui, aumentando a tensão efetiva na rocha-reservatório. A partir de uma determinada tensão, a rocha começa a plastificar-se, levando a grandes deformações, sendo esta região denominada como de colapso de poros, definida por uma curva de fechamento da envoltória de ruptura, que é função da porosidade. As curvas foram obtidas mediante ensaios geomecânicos com medições de velocidade de ondas P e S, além permeabilidade. A partir dos estudos realizados para elaboração deste trabalho, foram obtidas as seguintes conclusões:

- É possível obter-se pontos para as curvas de fechamento de envoltória de ruptura mediante ensaios mecânicos com trajetórias diversas. Para cada porosidade inicial se obtém uma curva de fechamento. A curva de fechamento define o início de um comportamento tipicamente plástico, com grandes deformações, levando a um colapso da estrutura da formação, caracterizando o início da região de colapso de poros.

- Pode-se definir a região de colapso de poros mediante ensaios dinâmicos, os quais são feitos com medições de velocidades de ondas P e S. A tensão de colapso é definida pela redução da taxa de velocidade de ondas, que ocorre em função da desestruturação da estrutura da rocha.

- No trecho linear dos ensaios, correspondentes a zona anterior à curva de fechamento, ocorrem, além das deformações elásticas, deformações plásticas. A componente plástica se torna mais acentuada para formações com comportamentos mais dúcteis, tais como rochas carbonáticas porosas e arenitos não consolidados.

- Os parâmetros elásticos, módulo de Young e coeficiente de Poisson, conforme medido atualmente nos ensaios mecânicos, seguindo as sugestões do I.S.R.M. (1988), são na realidade parâmetros de deformabilidade. Para se medir realmente os parâmetros elásticos, tem que ser utilizadas as medições no descarregamento e carregamento dos ensaios, conforme feito neste trabalho. Os parâmetros medidos nos ensaios dinâmicos, com medições de velocidade de ondas P e S, são aqueles que melhor aproximam o comportamento elástico. Nos ensaios estáticos esse comportamento é melhor obtido por uma trajetória média entre o descarregamento e posterior carregamento.

- A tensão de colapso, nos ensaios mecânicos, pode ser definida pelo incremento de trabalho plástico no ensaio. A grande vantagem de se utilizar esse critério, desenvolvido neste trabalho, é a possibilidade de se poder utilizá-lo em ensaios triaxiais, definindo o início do escoamento como atravessamento da curva de fechamento, explicando o comportamento plástico que as amostras passam a ter com pressões confinantes mais altas.

- A permeabilidade não é constante devido à alteração do estado de tensão ao longo da produção de um campo, mesmo no trecho linear, onde ocorrem também deformações plásticas, podendo tornar-se crítica com a ocorrência da tensão de colapso de poros.

- A trajetória de tensão afeta o comportamento da deformação da amostra. Para se verificar o comportamento da permeabilidade, os ensaios têm que ser feitos com as trajetórias de tensões mais próximas possíveis das trajetórias de campo.

- As deformações plásticas serão responsáveis por um dano mecânico na formação.

5.2 CONSIDERAÇÕES GERAIS

Com base nos resultados apresentados no capítulo anterior, conclui-se que a metodologia que utiliza as curvas de fechamento para definição da tensão de colapso de poros é uma evolução em relação à metodologia padronizada anteriormente, que utilizava exclusivamente os ensaios de deformação uniaxial. Com esse novo modelo, pode-se: fazer análises tanto longe como na parede do poço, o que não era possível anteriormente; adotar qualquer tipo de trajetória de tensões, não ficando limitado a trajetória de deformação uniaxial; e ter um melhor entendimento da importância da trajetória de tensões no comportamento das deformações da rocha e consequentemente na permeabilidade.

Os resultados do presente trabalho mostraram que os objetivos que motivaram esta linha de pesquisa foram plenamente atingidos e foram apresentados no International Symposium and Exhibition on Formation Damage Control – SPE, que aconteceu em Lafayette, Louisiana, em 20 e 21 fevereiro de 2002 (SOARES; FERREIRA), sendo posteriormente publicado um artigo na revista SPE Reservoir Evaluation & Engineering (SOARES *et al.*, 2002).

5.3 TRABALHOS QUE DERAM SEQUÊNCIA E/OU BASEADOS NESTA PESQUISA

Um importante resultado obtido foi que a permeabilidade não é constante quando há uma variação do campo de tensões. Como consequência foram realizados novos trabalhos baseados nessa linha de pesquisa e desenvolvidos novos equipamentos e procedimentos para a medição da permeabilidade. A seguir serão apresentados alguns trabalhos que se seguiram.

- Coelho (2001) desenvolveu e implementou um simulador com um modelo capaz de simular o fenômeno de colapso de poros. O modelo foi calibrado a partir dos dados dos ensaios do presente trabalho, apresentando análises do comportamento mecânico de poços de petróleo e tendo gerado outros artigos (COELHO *et al.*, 2003 a 2004).

- Soares em 2007 deu continuidade ao presente trabalho, desenvolveu uma metodologia de medição de permeabilidade para o ensaio de deformação uniaxial que permitia fluxo horizontal, em direções variadas, em amostras verticais, podendo-se determinar a natureza tensorial da permeabilidade. Também foi desenvolvida uma célula triaxial cúbica, que permite aplicação do estado de tensão triaxial verdadeiro e medidas de fluxo em duas direções horizontais. De modo a retratar o comportamento de campo durante a produção. Os dados obtidos em laboratório foram utilizados em simulações, com acoplamento tensão-fluxo em elementos finitos, utilizando o modelo de Lade-Kim. O trabalho mostrou a importância de se considerar a influência do estado de tensão e deformação na permeabilidade na fase de produção, especialmente em rochas dúcteis.

- Soares *et al.* (2012), baseados na experiência adquirida, realizaram um estudo experimental e numérico de geomecânica para analisar e avaliar o comportamento de um poço com reservatório de arenito friável da Bacia de Campos, admitindo que a permeabilidade do reservatório seja dependente do estado de tensão. A partir de procedimentos experimentais estabelecidos em Soares 2000 e 2007, foram realizados ensaios observando a trajetória de tensões esperada no reservatório, e, empregando um simulador comercial, uma modelagem numérica de um poço aberto considerando as etapas de perfuração e produção com a presença ou ausência de dano, incluindo o de formação. Foram impostas diferentes variações de pressões estáticas, longe e na parede do poço. As simulações indicaram reduções no índice de produtividade, que posteriormente foram relatadas, comprovando que essa modelagem representava com mais fidelidade o comportamento de campo.

- Falcão, em 2013, utilizou os ensaios para o campo B, complementando com ensaios adicionais e com os mesmos procedimentos experimentais desenvolvidos, para análises de reservatório utilizando o pseudoacoplamento. Esse tipo de acoplamento atualiza a porosidade e a permeabilidade com base em tabelas que relacionam poropressão com multiplicadores de porosidade e permeabilidade. As tabelas de pseudoacoplamento foram elaboradas com base em ensaios mecânicos laboratoriais realizados com amostras do próprio campo, representativas de cada fácies. Os resultados obtidos foram muito próximos dos dados atualizados de campo, mostrando assim a possibilidade de incluir os efeitos geomecânicos na modelagem de reservatório sem aumento do custo computacional. Um artigo está sendo publicado (FALCÃO, 2023).

- Fernandes, em 2022, propôs uma nova solução integro-diferencial para a equação da difusividade não linear com um termo fonte, permitindo o monitoramento da perda de permeabilidade em reservatórios de petróleo sensíveis a queda de pressão por meio da interpretação de teste de formação para diversos tipos de configuração de reservatórios. Os modelos analíticos anteriores consideravam a permeabilidade constante. Ensaios oedométricos em arenitos com medição de permeabilidade, conforme desenvolvidos no presente trabalho, foram utilizados para verificação e validação das equações desenvolvidas. Esse trabalho gerou uma série de artigos (FERNANDES *et al.*, 2021 a 2022).

- Está sendo proposta uma nova metodologia para o cálculo para o fator de dilatação de reservatório. Este fator correlaciona velocidade de ondas com a deformabilidade do reservatório. Para o estudo inicial (GARCIA *et al.*, 2021), onde se verifica um grau de complexidade maior para o fator de dilatação, foram utilizados os ensaios para o campo B do presente trabalho. Um estudo detalhado utilizando a teoria da complexidade está em andamento.

Apesar de ter os resultados dos experimentos divulgados em Soares (2000), eles ainda continuam fornecendo dados para pesquisas e revelando aos poucos os segredos neles contidos.

REFERÊNCIAS

ATKINSON, J.; BRANSBY, P. *The Mechanics of Soils an Introduction to Critical State Soil Mechanic.* London: McGraw-Hill, 1978.

BLANTON, T. L. III. Deformation of Chalk Under Confining Pressure and Pore Pressure. *Society of Petroleum Engineers Journal – SPEJ*, p. 43-50, February 1981.

CAMPOZONA, F. P.; MONTEIRO, M.; SOARES, C. M. *et al.* Exploitation Strategy of the Carbonate Reservoir of Congro Field. *Rio Oil&Gas Expo and Conference'98*, Rio de Janeiro, October 1998.

CASAGRANDE, A. The Determination of the Pre-Consolidation Load and Its Practical Significance. *Proc. 1st Int. Conf. Soil Mech. Found. Eng.*, Cambridge, Massachusetts, p. 60, 1936.

CHEN, W.; HAN, D. J. *Plasticity for structural Engineers.* New York: Springer-Verlag, 1998.

CHEN, W.; MISUNO, E. *Nonlinear Analysis in Soil Mechanics – Theory and Implementation for structural Engineers.* Amsterdam: Elsevier Science Publisher, 1990.

COELHO, L. C. *Modelos de ruptura de poços de petróleo.* Tese (Doutorado) – Universidade Federal do Rio de Janeiro, Rio de Janeiro, 2001.

COELHO, L. C.; ALVES, J. L. D.; EBECKEN, N. F. F.; LANDAU, L.; SOARES, A. C. Análise do colapso de poros no entorno de um poço perfurado em calcário poroso. CILAMCE 2003, XXIV Iberian Latin-American Congress on Computational Methods in Engineering, Ouro Preto, MG, 2003.

COELHO, L. C.; SOARES, A. C.; EBECKEN, N. F. F.; ALVES, J. L. D.; LANDAU, L. Modelagem Numérica do Colapso de Poros em Rochas Carbonáticas. *In*: CONGRESSO BRASILEIRO DE P&D EM PETRÓLEO E GÁS, 2., Rio de Janeiro, v. CD-ROM, 2003.

COELHO, L. C.; SOARES, A. C.; EBECKEN, N. F. F.; ALVES, J. L. D.; LANDAU, L. Wellbore Stability Analysis in Porous Carbonate Rocks using Cap Models. *In*: Eighth International Conference on Damage and Fracture Mechanics, Heraklion - Crete. Damage and Fracture Mechanics VIII. Southampton: WIT Press, 2004.

COELHO, S. L. P. F.; RODRIGUES, E. B.; SILVA, A. C. *et al. Técnicas para testemunhagem, manuseio, transporte, e preparo de amostras de rochas inconsolidadas.* Comunicação Técnica Interna, DIGER/CENPES 07/92, 1992.

COSTA, A. M. *Uma aplicação de métodos computacionais e princípio de mecânica das rochas no projeto e análise de escavações destinadas a mineração subterrânea.* Tese (Doutorado) – Universidade Federal do Rio de Janeiro, Rio de Janeiro, 1984.

DEERE, D. V.; MILLER, R.V. *Engineering Classification and index properties for Intact Rock.* Ph.D. Dissertation, University of Illinois, Illinois, USA, 1965.

DILLON, L. D.; SOARES, J. A. *Implementação de banco de dados de constantes elásticas e dinâmicas.* Relatório final de projeto, DIVEX\CENPES, 1995.

DRUCKER, D. C.; GIBSON, R. E.; HENKEL, D. J. Soil Mechanics on Work-Hardening Theories of Plasticity. *ASCE*, p. 338-346, 1957.

FALCÃO, F. O. L. *Simulação hidromecânica de reservatório carbonático de petróleo através de pseudoacoplamento.* Tese (Doutorado) – Pontifícia Universidade Católica do Rio de Janeiro, Rio de Janeiro, 2013.

FALCÃO, F. O. L.; VELLOSO, R.; VARGAS JR., E. A.; SOARES A. C. Hydromechanical Simulation of a Carbonate Petroleum Reservoir Using Pseudo-Coupling. *Journal of Petroleum Science and Engineering*, 2023. http://dx.doi.org/10.2139/ssrn.4370521.

FERNANDES, F. B. *Integro-Differential Solutions for Formation Mechanical Damage Control During Oil Flow in Permeability-Pressure-Sensitve Reservoirs.* Tese (Doutorado) – Pontifícia Universidade Católica do Rio de Janeiro, Rio de Janeiro, 2021.

FERNANDES, F. B.; BARRETO JR., A. B.; BRAGA, A. M. B.; SOARES, A. C. Integro-Differential Solution for Nonlinear Oil Flow through Porous Media Near a Sealing Fault Using Green's Functions (GFs). 55th US Rock Mechanics/Geomechanics - ARMA, Houston, Texas, 2021.

FERNANDES, F. B.; BRAGA, A. M. B.; SOUZA, A. L. S.; SOARES, A. C. Analytical Model to Effective Permeability Loss Prediction and Formation Mechanical Damage Control in Fractured Oil Wells. OTC-32092-MS, OTC - Offshore Technology Conference - Houston, TX, USA, 2-5 May 2022.

FERNANDES, F. B.; BRAGA, A. M. B.; SOUZA, A. L. S.; SOARES, A. C. Coupled Integro-Differential-Asymptotic Solution for Permeability Monitoring in Pressure-Sensitive Oil Reservoirs. OTC-31734-MS, OTC - Offshore Technology Conference - Houston, TX, USA, 2-5 May 2022.

FERNANDES, F. B.; BRAGA, A. M. B.; SOUZA, A. L. S.; SOARES, A. C. Analytical Model for Formation Mechanical Damage Control in Permeability-Hysteretic Oil Reservoirs. 56th US Rock Mechanics/Geomechanics Symposium - Santa Fe, NM, USA, ARMA 22 – A-14, 26–29 June 2022.

FERNANDES, F. B.; BRAGA, A. M. B.; SOUZA, A. L. S.; SOARES, A. C. Wellbore Solution for Formation Mechanical Damage Control During Oil Flow Through Infinite Permeability-Pressure-Sensitive Reservoirs. 56th US Rock Mechanics/Geomechanics Symposium - Santa Fe, NM, USA, ARMA 22 – A-15, 26–29 June 2022.

FERNANDES, F. B.; BRAGA, A. M. B.; SOUZA, A. L. S.; SOARES, A. C. Analytical Model to Effective Permeability Loss Prediction and Formation Mechanical Damage Control in Fractured Oil Wells Fully Penetrating Permeability Pressure-Sensitive Reservoirs. Rio Oil and Gas Expo and Conference, Rio de Janeiro, 2022.

FERNANDES, F. B.; BRAGA, A. M. B.; SOUZA, A. L. S.; SOARES, A. C. Geomechanical-Flow Model to Formation Mechanical Damage Control in Permeability Biot's Effective Stress-Sensitive Oil Reservoirs. Rio Oil and Gas Expo and Conference, Rio de Janeiro, 2022.

FERNANDES, F. B.; BRAGA, A. M. B.; SOUZA, A. L. S.; SOARES, A. C. Permeability Hysteresis Control in Pressure-Sensitive Oil Reservoirs Using an Asymptotic-Integro-Differential-Green's Functions Method. Rio Oil and Gas Expo and Conference, Rio de Janeiro, 2022.

FERNANDES, F. B.; BRAGA, A. M. B.; SOUZA, A. L. S.; SOARES, A. C. Analytical Model to Effective Permeability Loss Monitoring in Hydraulically Fractured Oil Wells in Pressure-Sensitive Reservoirs. Journal of Petroleum Science and Engineering. DOI:10.1016/j.petrol.2022.111248. 10 November 2022.

FERNANDES, F. B.; BRAGA, A. M. B.; SOUZA, A. L. S.; SOARES, A. C. Mechanical Formation Damage Management and Sealed Boundaries Identification in Pressure-Sensitive Oil Reservoir With Source Effects. Geoenergy Science and Engineering. Doi:10.1016/j.geoen.2022.211332. 06 December 2022.

FJÆR, E. *et al. Petroleum Related Rock Mechanics.* Amsterdam: Elsevier Science Publisher, 1992.

GARCIA, P. F. V.; ROSSI, D. F.; SOARES, A. C.; FERREIRA, F. H.; LONARDELLI, J. N. An Experimental Approach On Calcarenite Reservoir Dilation Factor. *The Leading Edge Journal*, Volume 40, Issue 12, December 2021.

GEERTSMA, J. *Problems of Rock Mechanics in Petroleum Production Engineering*. First International Congress on Rock Mechanics, Lisbon, 1966.

GOODMAN, R. *Introduction to Rock Mechanics*. New York: John Wiley & Sons, 1989.

GRAHAM, J.; WOOD, D. M. Anisotropic Elasticity and Yielding of a Natural Plastic Clay. International Journal of Plasticity, vol. 6, p. 377-388, USA, 1990.

I. S. R. M. Suggested Methods for Determining the Uniaxial Compressive Strength and deformability of Rock Materials. Commission on Standardization of Laboratory Testing Plan. International Society for Rock Mechanics, 1988.

JOHNSON, J. P.; RHETT, D. W.; SLEMERS, W. T. Rock Mechanics of the Ekofisk Reservoir in the Evaluation of Subsidence. *Journal of Petroleum Technology*, p. 717-722, July 1989.

LADE, P. V. Elasto-Plastic Stress-Strain Theory for Cohesionless Soil with Curved Yield Surfaces. Rep. UCLA-ENG 7594, Univ. of California, Los Angeles, USA, 1975.

LADE, P. V. Elasto-Plastic Stress-Strain Theory for Cohesionless Soil with Curved Yield Surfaces. *Int. J. Solids Structure.*, Vol. 13, p. 59-70, 1977.

LADE, P. V.; DUCAN, J. M. Cubical Triaxial Tests on Cohesionless Soil. *Soil Mech. Found. Div., ASCE*, Vol. 99 No. SM10, p. 793-812, 1973.

LADE, P. V.; DUCAN, J. M. Elasto-Plastic Triaxial Tests on Cohesionless Soil. *J. Geotech. Eng. Div., ASCE*, Vol. 101 No. GT10, p. 1037-1053, 1975.

LAMBE, T. W.; WHITMAN, R. *Soil Mechanics, SI Version*. New York: John Wiley & Sons, 1979.

LOVE, A. E. A *Treatise in the Mathematical Theory of Elasticity*. New York: Dover Publication, 1944.

MELO, L. T. B. *Utilização de um modelo elasto-plástico para análise de deformações em solos*. Dissertação (Mestrado) – Pontifícia Universidade Católica do Rio de Janeiro, Rio de Janeiro, 1995.

SCOTT JR., T. E.; ZAMAN, M. M.; ROEGIERS, J. C. Acoustic-Velocity Signatures Associated with Rock-Deformation Processes. *Journal of Petroleum Technology*, p. 70-72, June 1998.

SMITS, R. M. M.; DE WALL, J. A.; VAN KOOTEN, J. F. C. Prediction of Abrupt Reservoir Compaction and Surface Subsidence Caused by Pore Collapse in Carbonates. *Society of Petroleum Engineers Formation Evaluation* (SPEFE), p. 340-346, June 1988.

POLILLO FILHO, A. *Um procedimento para análise de estabilidade e fraturamento de poços de petróleo*. Tese (Doutorado) – Universidade Federal de Ouro Preto, Ouro Preto, MG, 1987.

RHETT, D. W.; TEUFEL, L. W. Stress Path Dependence of Matrix Permeability of North Sea Sandstone Reservoir Rock. Rock Mechanics Tillerson & Waweersik (ed.), Balkema, Rotterdam, Netherlands, 1992.

SÁ, A. N.; SOARES, A. C. Coring Samples And Obtaining Geomechanical Properties For Wellbore Stability Analysis In Deepwater Brazilian Horizontal Wells. Latin American and Caribbean Petroleum Engineering Conference, Rio de Janeiro, Brazil, 30 August-3 September 1997.

SALAMY, S. P.; FADDAGH, H. A.; AJMI, A. M. *et al*. Methodology Implemented in Assessing and Monitoring Hole-Stability Concerns in Openhole Horizontal Wellbores in Carbonates Reservoir. SPE Annual Technical Conference and Exhibition, Houston, USA, Paper SPE 56508, October 1999.

SOARES, A. C. *Um estudo experimental para definição de colapso de poros em rochas carbonáticas*. Dissertação (Mestrado) – Universidade Federal do Rio de Janeiro, Rio de Janeiro, 2000.

SOARES, A. C. *Um estudo da influência do estado de tensão na permeabilidade de rochas produtoras de petróleo*. Tese (Doutorado) –Universidade Federal do Rio de Janeiro, Rio de Janeiro, 2007.

SOARES, A. C.; FERREIRA, F. H. An Experimental Study for Mechanical Formation Damage – SPE 73734. International Symposium and Exhibition on Formation Damage Control, Lafayette, Louisiana, 20-21 February 2002.

SOARES, A. C.: FERREIRA, F. H.; VARGAS JR., E. A. An Experimental Study for Mechanical Formation Damage – SPE 80614. *Journal SPE-FE Reservoir Evaluation & Engineering*, v. 5, n. 6, p. 480-487, 2002.

SOARES, A. C.; SIQUEIRA, A. G.; SILVESTRE, J. R.; PESSOA T.F.P. Estudo Geomecânico Numérico-Experimental para Avaliação de Perda de Produtividade para um Campo de Arenito Friável. Rio Oil&Gas Expo and Conference, IBP1860-12, 2012,

VILLAÇA, S.; TABORDA, L. *Introdução à Teoria da Elasticidade.* 2. ed. Rio de Janeiro: COPPE/UFRJ, 1996.

YALE, D. P.; CRAWFORD, B. Plasticity and Permeability in Carbonates: Dependence on Stress Path and Porosity. *EUROCK 98*, vol. II, p. 485-494, July 1998.